PAN ASIA
HUMAN RESOURCES MANAGEMENT&CONSULTING CORP.

汎亞人力資源管理顧問有限公司

汎亞人力資源管理顧問有限公司

西進

No Risk！Toward China

大陸

不冒險

上　集

大陸人資管理手冊

橫跨兩岸企業、派駐台幹、外派大陸工作者，
這本書您不能錯過！！
避開錯誤決策、用對管理者；獲利才有可能！

周昌湘◎著

如果經商大陸是您必然的抉擇，這是您應該知道的事！
「隨書獨家附贈完整、實用大陸人資管理光碟乙片」

跨國企業
創造獲利
必備用書

自 序

　　2007年的一月，五度左右的寒冬、深夜，孤獨的筆者正在杭州一家五星級酒店中準備明天一早的課程教材。突然一封來自台北e-mail捎來訊息：「書的三校即將完成，請速寫序！」筆者望著窗外霧霧細雨及遠方的燈火，一股莫名的激動在心中澎湃激盪。

　　每月奔走兩岸，汲汲營營於演講授課、輔導顧問工作的日子已經五年多了。筆者生於斯、長於斯、對台灣這塊土地仍有一份濃得化不開的感情。從小自從懂事後，家父告知命名由來，教誨著要成為一名驕傲的中國人、湖南人；家母則提醒著要學好台語，以免以後難找工作，受到排擠。因此在成長學習的路上，筆者無時不念茲在茲，深恐有負雙親大人的殷殷期望。如今筆者在台灣教大陸人資、勞動法令的課程，在大陸則傳授台灣經驗的管理知識，扮演好兩岸交流的角色，背後總感覺有一份使命感在支持著。

　　這本書的由來是因為有感於中國大陸即將進入「勞動關係法制化」的時代，各項新法令紛紛頒佈出台，對長期忽視勞資關係的台商將造成極大的衝擊，這可由最近《勞動合同法》的勞資雙方拉鋸戰、富士康被深圳總工會在廠區中成立工會等事件看出端倪。於是筆者在去年暑假就決定要出版一本給台商參考的《大陸勞動法令》工具書，創造新的作法，嘗試依照人力資源管理的各個流程順序編排後，搭配相關法條，再加上一些實務的案例說明，以發揮綜合闡述的效果。

然而書的架構難定、內容複雜龐大，耗費許多人力物力才大功告成。首先非常感謝兩位暑假到公司工讀的陳淑芳、陳欣詩兩位同學，把一堆簡體字的資料辛苦的轉換成易懂的繁體字。接著莊周的黃金團隊伙伴們（請參見編輯小組名單），發揮團結互助、分工合作的精神，在日常工作之餘，熱心幫忙校對編輯，尤其貼心的將所有的法令（收集到2007年一月）燒成光碟送給讀者，以方便收尋查閱。所以筆者認為這本書是團隊一起努力完成的！謝謝你們的共同努力！最後，這本書定位為「長銷型」的工具書，也背負著很大的壓力，意味著每年都要做修正改版。這是一項挑戰！不過，請讀者放心，莊周企管既然決心要成為大陸人力資源、勞動管理顧問的第一品牌，就會扛下這份光榮的任務！請您多多給我們鼓勵、支持、指教！謝謝！

謹以此書送給來自兩岸、提攜我長大成人的周克駿先生、賴金蓮女士父母親大人，以報答照顧養育之恩！

周昌湘　於上海
2007/1/22

Contents

前 言　　　　　　　　　　　1

一、勞動法概述　　　　　　　12
二、勞動法體制　　　　　　　13
三、勞動法基本架構　　　　　14
四、未來立法趨勢　　　　　　16

勞動規章體制　　　　　　2

一、企業勞動規章概念與涵義　20
二、企業勞動規章的特徵　　　21
三、企業勞動規章的內容　　　22

員工招聘　　　　　　　　3

一、招聘主體資格審查　　　　48
二、招聘對象就業資格審查　　52
三、畢業生就業規定　　　　　54
【熱點評說】員工雇用條件的制定　54
案例1：他為何閃電離職
　　　　－從閃電離職看招聘　57
案例2：招聘的主觀直覺和客觀依據　61

勞動合同管理　　4

一、勞動合同基本要素　　70

1.北京

2.上海

3.廣州

二、勞動合同變更　　89

三、勞動合同效力　　93

四、勞動合同終止　　96

五、勞動合同解除　　101

六、集體勞動合同及其效力　　118

【熱點評說】勞動合同的問題點　　126

【熱點評說】試用期的約定和利用　　127

【熱點評說】勞動合勳期限的確定　　132

【熱點評說】勞動合同中協商條款的約定　　137

【熱點評說】勞動合同中不能埋下敗訴的隱患　　145

案例1：協商一致解除勞動合同也要支付經濟補償金　　149

案例2：勞動者持假文憑與用人單位

　　　　簽訂勞動合同致使勞動合同無效案　　152

員工培訓　　5

一、員工培訓法律定位　　158

二、員工培訓的機構與類別　　163

Contents

【熱點評說】員工培訓協議的簽訂　179

【熱點評說】員工培訓風險的防範　183

案例1：職工提出解除勞動關係，
用人單位能否追索培訓費？　187

案例2：員工違約引發勞動爭議　189

工作時間與薪酬福利　6

一、工作時間的計算、週休日　196

二、工作時間的延長與報酬　202

三、法定休假日　209

四、帶薪休假　214

五、探親假　216

六、婚假、喪假、產假　220

七、最低工資規定　224

八、工資基本規定與結構　230

九、個人所得稅　238

十、工資指導價　247

十一、薪資給付的基本規定　252

十二、特殊人員的工資給付　261

【熱點評說】不按規定給付加班工資
的危害　263

案例1：工作未完成能否得報酬？　266

案例2：實行六天工作制的單位應當
支付加班工資嗎？　268

西進大陸
不冒險

1 前 言 》》

一、勞動法概述

二、勞動法體制

三、勞動法基本架構

四、未來立法趨勢

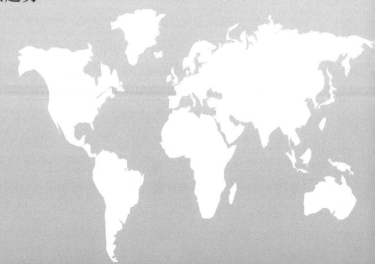

一 勞動法概述

　　對於勞動法概念的理解，一般是以其調整的對象來說明。在大陸，法學界對於勞動法概念的理解基本上是一致的，即勞動法是調整勞動關係以及與勞動關係有密切關係的其他社會關係的法律規範總稱。廣義勞動法，即是調整勞動關係以及與勞動關係有密切聯繫的其他社會關係的法律規範總稱。目前，勞動法的表現形式主要包括：

（1）**憲法**。憲法中的許多條款與調整勞動關係的內容有關，這些內容構成了勞動法的基本原則，也是勞動立法的基本依據。

（2）**勞動法**。1994年7月5日由第八屆全國人民代表大會常務委員會第八次會議通過，並於1995年1月1日正式實施的《中華人民共和國勞動法》，是調整勞動關係的基本法，是大陸勞動法體系中的基本表現形式。

（3）**其他法律**。這包括全國人民代表大會及其常務委員會通過的調整勞動關係以及與勞動關係有密切聯繫的其他社會關係的法律，如《中華人民共和國工會法》、《中華人民共和國礦山安全法》、《中華人民共和國婦女權益保障法》等。在這些法律中，都有關於勞動問題的規定，他們從不同的方面調整勞動關係以及與勞動關係有密切聯繫的其他社會關係，他們是勞動法體系的重要組成部分。

（4）**行政法規**。國務院根據憲法和法律制定的調整勞動關係以及與勞動關係有密切聯繫的其他社會關係的規範性文件，如《失業保險條例》、《勞動保障監察條例》、《女職工勞動保護規定》等。行政法規是目前調整勞動關係以及與勞動關係有密切聯繫的其他社會

關係的主要法律規範，是勞動法的主要表現形式。

（5）**地方性法規。**由於大陸各地的經濟發展水準不同，各省、自治區、直轄市及較大的市的人民代表大會及其常務委員會結合當地勞動管理的實際需要，通過制定地方性法規，來加強對勞動體系的調整，如《遼寧省失業保險條例》等。在大陸勞動法體系中，地方立法較多是勞動法的一大特徵。

（6）**行政規章。**行政規章包括國務院的部門行政規章和地方性行政規章，如《集體合同規定》、《違反和解除勞動合同的經濟補償辦法》、《工傷議定辦法》等。行政規章是勞動行政部門從事勞動管理、勞動爭議仲裁機構處理勞動爭議的主要法律依據。

（7）**司法解釋。**在市場經濟條件下，勞動爭議案件的數量日益增加，而現行的勞動法律、法規遠遠滯後審判實踐的需要，勞動爭議案件在訴訟過程中也存在的大量疑難問題，極待解決。最高人民法院制定的一系列關於處理勞動爭議的司法解釋，為人民法院如何運用法律審理勞動爭議案件提供依據。

（8）**大陸批准生效的國際勞工公約。**國際勞工組織通過的公約，必須經過成員國批准後方可在成員國內付諸實施，發生法律效力。大陸是國際勞工組織的成員國，凡是經過批准的國際勞工公約就具有法律效力，成為勞動法的組成部分。

 # 勞動法體制

由「一方決定」到「雙方協商」。這是大陸20多年勞動制度改革幅度最大的地方。在計劃經濟體制下，用人主體是國家，是政府。當

時，用人只能是行政一方說了算。個人就業只有一條路可走：服從組織分配；企業也無用人權力（當時叫「用工權力」）。後來，就業實行「三結合」的就業方針，開了「三扇門」，自由度大多了。但是，沒有改變這種「一方決定」的局面。從勞動合同制試點，到勞動合同制度全面推開，甚至在1994年《勞動法》規定可以實行集體合同制度，就從根本上改變了政府乃至各級行政「一方決定」的用人體制。勞動制度改革逐步明確勞動力市場當事人雙方是用人單位（企業）和勞動者，用人主體是企業。這就改變了用人主體是國家的體制。勞動者在就業上實行「雙向選擇」；在勞動關係調整上實行「雙方協商」，甚至「三方性原則」。

 # 勞動法基本架構

由於《勞動法》有著紮實的實踐基礎，是勞動、工資、保險三項制度改革成果的結晶，又是勞動立法進程的必然結果，所以在《勞動法》出臺前後不到一年的功夫，大陸勞動部很快就頒佈了20餘部配套規章，基本形成了《勞動法》的立法體系。

首先，勞動立法的核心是調整勞動關係。《勞動法》第三章「勞動合同與集體合同」、第十章「勞動爭議」，以及配套行政法規《中華人民共和國企業勞動爭議處理條例》、《禁止使用童工規定》、《國有企業富餘職工安置規定》，配套部門規章《外商投資企業勞動管理規定》、《企業經濟性裁減人員規定》、《違反〈勞動法〉行政處懲辦法》、《違反和解除勞動合同的經濟補償辦法》、《集體合同規定》、《違反〈勞動法〉有關勞動合同規定的賠償辦法

》、《勞動爭議仲裁委員會辦案規則》和《企業勞動爭議調解委員
會組織及工作規則》等，構成了調整勞動關係的立法體系。

其次，勞動立法的重點之一是確定勞動條件標準。《勞動法》第
四章「工作時間和休息休假」、第五章「工資」、第六章「勞動安
全衛生」、第七章「女職工和未成年工特殊保護」、第八章「職業
培訓」，以及配套行政法規《女職工勞動保護規定》、《國務院關
於修改〈國務院關於職工工作時間的規定〉的決定》，配套部門規
章《關於企業實行不定時工作制和綜合計算工時工作制的審批辦法
》、《關於貫徹〈國務院關於職工工作時間的規定〉的實施辦法》
、《企業最低工資規定》、《工資支付暫行規定》、《對〈工資支
付暫行規定〉有關問題的補充規定》、《未成年工特殊保護規定》
、《女職工禁忌勞動範圍的規定》、《職業病和職業病患者處理辦
法的規定》、《職業技能鑑定規定》等，構成了大陸勞動標準的立
法體系。

其三，作為社會保障的重要組成部分 社會保險，是《勞動法》
的又一個重點。《勞動法》的第九章「社會保險和福利」，以及配
套行政法規《失業保險條例》、《社會保險費徵繳暫行條例》、《
國務院關於建立統一的企業職工基本養老保險制度的決定》、《工
傷保險條例》、《國務院關於建立城鎮職工基本醫療保險制度的決
定》，配套部門規章《企業職工患病或非因工負傷醫療期規定》、
《企業職工生育保險試行辦法》、《企業職工工傷保險試行辦法》
、《工傷認定辦法》、《非法用工單位傷亡人員一次性賠償辦法》
、《因工死亡職工供養親屬範圍規定》、《社會保險行政爭議處理
辦法》等，構成了大陸社會保險的立法體系。

其四，《勞動法》對勞動行政執法及其執法監督也有相應規定。

《勞動法》第十一章「監督檢查」、第十二章「法律責任」，以及配套規章《勞動監察規定》、《勞動監察員管理辦法》、《勞動監察程序規定》、《違反〈勞動法〉行政處罰辦法》、《勞動行政處罰若干規定》、《處理舉報勞動違法行為規定》、《勞動和社會保障行政覆議辦法》、《勞動行政處罰聽證程序規定》等，構成了勞動行政執法及其執法監督的立法體系。

　　《勞動法》及其配套行政法規和部門規章的陸續頒佈，促使國有企業、集體企業、股份制企業、外資企業、私營企業、民營企業等各類企業所適用的勞動法律規範趨於統一，為其提供一個公平競爭的勞動法制環境。

 # 未來立法趨勢

　　隨著全球經濟和科技的飛速發展，國際交流大大加強，國際法由研究國家、主權、領土等問題轉向謀求經濟發展、提高福利、人權保護等主題，WTO中的勞動條款問題的凸現，就是在這種人背景下產生的。隨著經濟成分和企業組織形式的多樣化，就業方式也越來靈活多樣，大陸的勞動標準體系、調整方式、管理手段，都需要進一步完善和創新，才能適應新形勢的需要。

另外，大陸勞動關係日漸趨於多元化，協調勞動關係的任務十分繁重，勞動爭議處理也趨於主體多樣化、複雜化、社會化，勞動爭議立法與社會保障立法正逐漸成為社會關係的熱點。目前，大陸將陸續出臺《社會保險法》、《職業技能開發法》、《促進就業法》、《勞動合同法》、《集體合同法》、《工資法》、《勞動保護法》

、《勞動監察法》、《勞動爭議處理法》等勞動法律。其中《勞動
合同法》和《社會保險法》是當前勞動立法的重點。

西進大陸
不冒險

2 人事規章體制 》》

一、企業勞動規章概念與涵義

二、企業勞動規章的特徵

三、企業勞動規章的內容

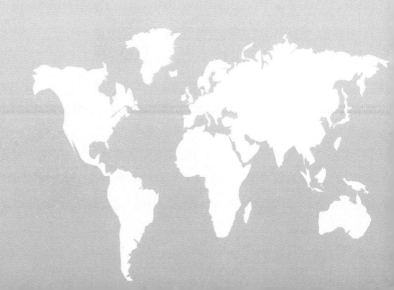

企業勞動規章的概念及涵義

　　目前，企業勞動規章的概念還沒有一個統一的、明確的界定，大陸勞動法對企業勞動規章只做出了原則性規定，要求企業應當建立健全規章制度，但尚未制定有關企業勞動規章的具體法律規範，政府勞動行政管理部門也只對企業勞動規章做出了備案的規定。人們一般認為，規章即規則和章程，它是規則、規定、規範、規矩、規程等所表述的標準、制度、法則、紀律、習慣等的總稱。

企業勞動規章，亦即企業內部勞動規則，習慣上稱員工手冊，台灣的勞動基準法稱之為工作規則，它是指企業根據國家有關法律、法規和政策，結合本企業生產經營實際，制定並認可由企業行政權力保證實施的組織生產勞動和進行勞動管理的規則和章程。

理解上述勞動規章的概念，主要應明確三個要點：

（1）企業勞動規章是企業規章制度的主要內容之一，它以企業為制定主體，以公開和正式的企業檔（企業格式）為表現形式，是企業全體員工生產勞動過程中共同的行為規範；

（2）企業勞動規章作為企業內部的一種規章制度，既不同於國家法律、法規和政策，也不同於社會團體章程；

（3）企業勞動規章是企業用工自主權和員工參與民主管理相結合的產物，是企業行使用工自主權的一種方式和手段。

理解企業勞動規章的概念，還應掌握下述更深層次上的含義：企業勞動規章體現企業全體勞動者的共同意志；企業勞動規章實現企業的勞動控制；企業勞動規章代表企業管理者的權威；企業勞動規章

反映企業勞動過程的普遍規律。

三 企業勞動規章的特徵

企業勞動規章的特徵主要體現在以下幾個方面：

（1）企業勞動規章具有目的性

首先，企業必須弄清什麼是勞動規章，為什麼要有勞動規章。其次，企業必須知道，通過制定並實施勞動規章，要發揮什麼樣的作用，得到什麼樣的結果。企業勞動規章的目的性的關鍵在於其特有的針對性和指導性，目的性從根本上說還在於它的教育性。

（2）企業勞動規章具有層次性

企業勞動規章是按照企業內部組織結構的不同層次來規範員工勞動行為的。層次性的內涵是界限分明、權責清晰，並集中反映了其內容的科學性。

（3）企業勞動規章具有嚴肅性

企業勞動規章涉及到對員工生產經營活動的約束，涉及到對員工行為的界定與獎懲，實施結果直接影響到員工的切身利益。因此，勞動規章的每一項內容都要慎重考慮、認真研究、反覆討論，經全體員工認可，不能朝令夕改，隨意變動。

（4）企業勞動規章具有強制性

已經生效的勞動規章企業全體員工必須無條件執行，如果不執行，企業可以依照規定採取一定措施，運用一定的手段或借助一定的力量來保證實施。

企業勞動規章的內容

　　企業勞動規章的內容涉及到企業勞動關係的各個方面，體現在企業勞動關係運行過程中的各個環節上。一般來說，在企業勞動關係運行中，企業行政在勞動管理方面的權利、職責，對員工勞動行為的規範，員工的權利和義務等，都應包括在企業勞動規章的內容中。

　　1997年11月25日，<<勞動部關於對新開辦用人單位實行勞動規章制度備案制度的通知>>（勞部發[1997] 338號）中，要求用人單位制定的勞動規章主要包括勞動合同管理、工資管理、社會保險福利待遇、工時休假、職工獎懲、其他勞動管理的規定，共六項內容。
根據世界上一些國家、地區勞動立法的規定和勞動保障行政主管部門的要求，結合一些企業制定勞動規章的實例，企業勞動規章的內容一般包括以下三個方面：

一、有關政策的規定

　　企業勞動規章中有關政策的規定，是指企業在勞動關係運行過程中貫徹執行國家勞動和社會保障政策法規的條款，它是國家勞動和社會保障政策法規在企業的具體體現，不僅內容多，而且涉及到員工個人的勞動權利和切身利益，主要包括以下七個方面的內容：

1. 員工招聘

　　員工招聘，是指企業從社會上招收和聘用勞動力。它是企業與勞動者簽訂勞動合同，建立勞動關係的前置作業。良好的員工招聘機制是企業獲得優秀員工的保證。勞動規章中員工招聘的內容主要是規範

企業的招工(招聘)行為和勞動者的應招(應聘)行為。包括：

（1）權限

員工的招聘權限，是對企業招聘員工權限範圍及工作流程的界定。企業勞動規章應規定企業各級組織、各個部門在招聘員工時的職責權限，即招聘員工的計畫由誰擬定，報經哪一級主管批准，具體如何實施等。

（2）原則

招聘原則，是指企業招聘員工應當遵循的基本準則。企業勞動規章中應規定，企業招聘員工應當遵守國家法律、法規和政策，堅持面向社會，公開招收，全面考核，擇優錄用的原則。

（3）方式

招聘方式，是指企業招聘員工採取什麼樣的方法和管道進行，如通過人力市場、人才網頁、獵頭公司、內部廣告、內部推薦、大專院校推薦等。

（4）程序

招聘程序，是指企業招聘員工的順序、步驟，即按什麼樣的流程進行。一般情況下，企業招聘員工的程序為：

· 確定招工人數、時間、條件、方式；

· 擬定並公佈招工簡章；

· 進行考試錄用；

· 對被錄用人員進行體格檢查；

· 簽訂勞動合同

· 向政府勞動保障行政部門備案〈部分地區要求〉

（5）紀律

招聘紀律，是指企業招聘部門、招聘人員在招聘過程中應遵守的

規則，包括上述各種環節的紀律。

2. 勞動合同管理

企業勞動規章中應儘可能詳細地規定勞動合同管理的內容。一般應包括：勞動合同的訂立、勞動合同的續簽、勞動合同中試用期及保守商業秘密的約定、勞動合同期限的類型、勞動合同的內容、勞動合同的履行、勞動合同的變更、勞動合同的解除以及解除勞動合同的經濟補償、勞動合同終止等。

3. 工作時間及休息休假

工作和休息都是勞動者的基本權利。工作時間及休息休假制度企業對員工實施勞動保護的重要措施，科學合理地安排工作時間和休息休假，對於保障勞動者的身體健康，減少疾病和傷亡事故，提高工作效率和勞動生產率，加強勞動管理，推動企業生產發展，都具有重要意義。因此，具體應包括下述十個方面的規定：

（1）標準工作時間制度的規定

標準工作時間制度，是指法律、法規規定的勞動者在正常情況下從事生產勞動的時間，分為日標準工作時間和周標準工作時間。企業勞動規章應明確規定標準工作時間的實施辦法，包括員工每天工作的時數、每週工作的天數。同時，還應規定在標準工作時間範圍內，員工具體上下班時間、正常工作班、輪班、三班制等工作時間以及公休日的安排。

（2）不定時工作時間制度的規定

不定時工作時間制度，是指對因職責範圍不能受標準工作時間限制的員工實行的一種工作時間制度。企業勞動規章中應規定本企業哪些崗位的員工實行不定時工作時間制度。

（3）綜合計算工時工作制度的規定

　　綜合計算工時工作制度，是指企業因生產工作需要或者某些特殊原因，需要連續工作而無法執行標準工作時間制度而實行的一種工作時間制度。一般採取集中時間工作、集中時間休息的辦法。企業勞動規章中應明確規定在什麼情況下，對哪些員工實行綜合計算工時工作制，實行綜合計算工時工作制的員工具體的工作和休息辦法，明確綜合計算工時是以月、季，還是以年為計算週期。

（4）延長工作時間的規定

　　延長工作時間即加班加點，是指員工在標準工作時間以外從事勞動的時間。企業勞動規章中應對員工延長工作時間予以規定，包括以下主要內容：

‧企業在哪些情況下可以延長工作時間；

‧企業延長工作時間的報批審核程式；

‧企業延長工作時間的具體時數規定；

‧企業在哪些情況下有權單方決定延長工作時間並要求員工無條件服從。

（5）休息日的規定

　　休息日也稱公休日，是指勞動者在一周(七天)內，享有的連續休息一天(24小時)以上的休息時間。企業勞動規章應規定員工每週的休息時間。

（6）節日休息的規定

節日休息，是指在紀念日和民族風俗習慣或傳統的慶祝的日子裡，勞動者全部或部分不從事生產或工作的休息時間。在規定全體公民享有的節日放假休息的同時，如企業在少數民族地區，還應規定如遇少數民族傳統節日或紀念日，對少數民族員工放假休息的辦法。

（7）年休假的規定

年休假,是指勞動者依法享有的在一年內帶工資的一次連續休息的時間。企業勞動規章中應根據國家法律、法規和政策的規定,對員工享受年休假的具體辦法做出規定。內容包括:

· 員工享受年休假待遇的條件;

· 員工年休假待遇的具體時間;

· 員工年休假的申請程式;

· 員工年休假的批准權限;

· 員工不能享受年休假的處理辦法等。

(8)探親假的規定(非強制)

探親假休息,是指員工探望與自己分居兩地的配偶和父母而依法享受的休息時間。企業勞動規章對員工探親假休息應主要規定以下事項:

· 員工享受探親假休息的條件;

· 員工享受探親假待遇的具體時間(天數);

· 員工享受探親假實應履行的審批程序;

· 因某種原因企業不能安排員工探親假休息的具體補償辦法以及其他事項。

(9)婚喪假的規定

婚喪假,是指員工結婚或者直系親屬(父母、配偶、子女)死亡時,給予其休息或料理喪事的時間。企業勞動規章對此應做出規定,包括給予員工休假的日期(天數)及相應的條件,申請及批准的程序等。

(10)女員工產假的規定

員工產假是專門針對女員工生育這一特殊情況實施勞動保護而給予的休息時間。國家對女員工產假有明確的規定,企業勞動規章應根據國家的規定和本企業的實際,規定本企業女員工享受產假待遇的

具體辦法。一般包括：

・女員工正常享受產假的天數；

・產假的具體享受辦法；

・不正常情況下的產假待遇，如難產等；

・多胞胎生育者的產假待遇；

・女員工流產時享受產假待遇的規定；配偶陪產的假期規定等。

4. 工資的規定

工資問題直接涉及員工的切身利益，關係到員工生活水準的改善和員工素質的提高，是勞動者權益的重要內容。企業勞動規章必須對工資分配問題做出相應的規定，以保持企業正常的工資關係和良好的工資分配秩序。主要內容應包括以下幾個方面：

（1）企業工資分配通則

所謂工資分配通則，是指企業在工資分配問題上應當遵循的基本準則。它是工資分配的指導原則，對企業整個工資分配具有指導和調節作用。企業勞動規章中有關工資分配通則的規定主要包括以下內容：

・企業進行工資分配的總原則；

・企業提高員工工資水準的基本原則；

・企業允許和鼓勵工資分配的各種方式；

・企業工資分配中激勵和約束機制的有關制度；

・員工參與企業工資分配的形式和辦法。

（2）工資組成的規定

工資組成，是指企業實行什麼樣的工資分配制度，員工工資由哪些項目組成。企業勞動規章中關於工資組成的規定主要包括兩方面的內容：

・工資制度的規定。即企業實行何種工資制度。例如，崗位技能工資制度，薪點工資制度等。

・工資組成項目的規定。即工資的具體組成成分。例如，計時工資、計件工資、獎金、津貼、加班加點工資等。

（3）工資確定的規定

工資確定，是指企業招用員工建立勞動關係後，經過試用期的考查，被證明符合錄用條件的，即應對其確定工資待遇。企業勞動規章中應規定企業對員工確定工資待遇的依據，如崗位、職務、技能、工作表現等，以及確定工資待遇的方式等。

（4）工資調整的規定

在市場經濟條件下，企業享有工資分配自主權，國家不再制定統一的工資標準，也不下達統一的工資增長指令，工資增長完全由企業根據市場規律和經營效益自主確定。因此，企業勞動規章應對企業工資調整做出規定。主要內容包括：

・員工業績評核的內容及要求；

・企業調整工資的參考因素、依據、標準、時間；

・企業調整工資的具體方式及如何組織實施等。

（5）工資集體協商的規定（非強制）

工資集體協商，是指企業與員工就企業內部工資分配制度、工資分配形式、工資收入水準等事項進行平等協商，在協商一致的基礎上簽定工資協議的行為。工資集體協商是企業工資分配實行民主的重要措施。企業勞動規章中有關工資集體協商的內容主要有下述事項：

・工資集體協商的內容；

・協商確定職工年度平均工資水準的原則和參考因素；

・工資集體協商代表的確定、產生辦法、人數及其職責、權利；

· 工資集體協商的方式、程式；

· 工資集體協商達成一致意見後工資協議的簽訂；

· 工資集體協商的審查與公佈等。

（6）工資支付的規定

工資支付，亦即工資的發放。企業勞動規章中對工資支付問題應作詳細規定，主要包括下述事項：

· 企業支付員工工資的貨幣種類，一般應為法定貨幣，即人民幣；

· 企業工資支付的具體制度，是月薪制、雙週發薪制或其他發薪方式。

· 工資支付的具體日期和具體辦法。

· 對完成一次性臨時勞動或某項具體工作的員工支付工資的方式。

· 員工在工作時間內依法參加社會活動的工資支付。

依法參加社會活動是指，行使選舉權、當選代表，出席政府、黨派、工會、青年團、婦女聯合會等組織招開的區級以上的代表會議，擔任人民法庭的人民陪審員、證人、代理人、辯護人，出席勞動模範、先進工作者大會，<<工會法>>規定不脫產（離開工作崗位）工會基層委員參加的工會活動。

· 員工與企業依法解除或中止勞動合同時的工資支付。

· 員工依法享受年休假、探親假、婚喪假、產假期間的工資支付。

· 非員工原因造成企業停產、停工時的工資支付。

· 企業根據生產工作需要，安排員工延長工作時間的工資支付。

· 員工在試用期、見習期、正式佳用的工資支付。

· 員工患病或非因公負傷治療期間，在規定應享受的醫療其內和醫療期滿後的工資支付。

（7）工資扣除的規定

工資扣除,是指企業從員工工資中扣減一部份用於償付由員工負擔的有關費用的行為。企業勞動規章中關於工資扣除的規定主要包括兩方面的內容:

· 企業有權從員工工資中扣除一部份用於償付由員工支付的費用的項目。包括法定的項目和勞動合同約定的項目,如住房公基金、醫療保險費用、個人所得稅等。

· 因員工積欠企業債務而扣除工資的具體比例或金額的規定。

(8)獎金的規定

獎金,是員工額外勞動報酬,是對在工作或生產建設中取得卓越成績或有突出貢獻的勞動者的獎勵,是一種以貨幣形式支付的物質獎勵。企業勞動規章中有關獎金的規定應包括下述主要內容:

· 企業發放獎金的原則;

· 獎金的種類;

· 對員工發放獎金的具體辦法,特別是對員工工作表現的評估項目和評估辦法;

· 一次性獎金的發放辦法。

(9)津貼及補貼的規定

津貼是工資的一種形式,是對補償員工額外和特殊勞動消耗,或者保障員工工資水準不受特殊條件影響而發放的勞動報酬。津貼種類繁多,企業勞動規章中應對員工發放津貼做出規定,其內容主要包括津貼的種類和發放辦法。補貼,即工資性補貼,如房租補貼、伙食補貼等。對此,企業勞動規章也應作出規定。

5.員工社會保險和福利

社會保險是國家通過立法,對勞動者在遇到生、老、病、傷、殘、死、失業等風險,暫時或永久喪失勞動能力或暫時失去工作時,給

予物質幫助的制度。它與每一個勞動者的切身利益息息相關。依法參加社會保險是企業對社會和員工的義務。企業勞動規章中應對員工享受社會保險的有關事項予以規定。員工福利，是指企業通過實行集體福利措施，建立各種津貼，提供勞務或發放實物，以改善員工物質文化生活的一項制度。對此，企業勞動規章也應作出規定。社會保險和員工福利的內容除按國家規定執行外，本企業的規定也應詳細規範，主要包括：

（1）員工社會保險項目

按照<<勞動法>>的規定，員工社會保險為養老、醫療、失業、工傷、生育五個項目。員工自與企業建立勞動關係的當月起，企業應按照國家規定為員工辦理參加五項社會保險的有關手續，繳納社會保險費。

（2）員工退休、退職的規定

退休，是指員工因年老或病殘完全喪失勞動能力而退出生產或工作崗位養老。退職，是指員工不符合退休條件，但完全喪失勞動能力而退出生產或工作崗位休養。退職或退休是員工享受養老保險待遇的基本條件。企業勞動規章中對於員工退休、退職的事項，其內容包括：

‧員工退休、退職的條件，包括年齡條件和身體狀況條件；

‧員工因身體原因退休、退職的審批、鑑定及相關手續的辦理等；

‧與退休、退職有關的其他事項，如內部離崗退休等。

（3）醫療期的規定

醫療期，是指員工患病或非因公負傷停止工作進行醫療，在此期間企業不得解除勞動合同的期限。企業勞動規章中應針對員工的不同工作年限，規定員工應當享受醫療待遇的具體標準以及醫療期的具體

計算方法等。

（4）員工社會保險待遇

企業勞動規章中一般應規定員工依照國家規定的標準享受各項社會保險待遇。如果有的社會項目企業尚未參加社會統籌，則應規定員工享受此項社會保險待遇的給付標準和方法。如果企業建立了補充保險，勞動規章中應對員工享受補充保險待遇的標準及方法做出詳細規定。

（5）員工福利的規定

企業勞動規章中，員工福利的規定主要應包括下述內容：

- 員工福利基金的提取；
- 員工福利費用支出的項目及標準；
- 員工探親費用的報銷；
- 員工因公死亡後的喪葬補助、遺屬困難補助；
- 員工福利費用的管理和監督。

6.勞動安全衛生

勞動安全一般是指，為防止發生中毒、觸電、機械外傷、車禍、墜落、塌陷、爆炸、火災等危及勞動者人身安全的世故而採取的防範措施。勞動衛生是指，盡量避免發生有毒有害物質危害勞動者身體健康或引起職業病而採取的防範措施。企業勞動規章中應對勞動安全衛生作出全面的規定，主要內容包括：安全衛生責任制、安全衛生教育、安全衛生環境、安全培訓、員工健康檢查、女員工特殊安全保障、員工在勞動安全衛生方面的權利、義務等。

（1）安全衛生責任制的規定

安全衛生責任制是企業最基本的安全管理制度，是勞動安全衛生制度的核心。安全衛生責任制是按照安全衛生生產方針，在企業勞動

規章中將各級負責人員、各職能部門及其工作人員、各崗位生產人員，在安全衛生生產方面應承擔的任務及應負的責任加以明確規定的一種制度。同時，還應規定員工在生產勞動過程中接受安全檢查和監督，按指令消除不安全因素的職責。安全衛生責任制的具體辦法可以在勞動規章中詳細規定，也可以專門制定勞動安全衛生責任制的專項實施辦法。

（2）安全衛生教育的規定

《勞動法》第五十二條規定，用人單位必須對勞動者進行勞動安全衛生教育。所謂勞動安全衛生教育是指，對員工進行勞動安全衛生政策法規和專業知識方面的教育。通過教育，使員工熟悉和掌握勞動安全衛生政策法規和專業技術知識，增強安全意識，樹立安全第一的思想，自覺遵守安全衛生生產操作規則，防止發生事故，保證生產工作的安全進行。企業勞動規章中安全衛生教育的規定主要有以下內容：

‧員工有接受安全衛生教育的義務；

‧員工安全衛生教育的主要內容包括政治思想教育、勞動紀律教育、職業道德教育、法律知識教育、操作安全衛生教育等；

‧員工安全衛生教育的實施辦法，主要有入廠教育、車間（廠房）教育、班組教育、特殊工種教育、新工藝（技術）操作教育等。

（3）安全衛生環境的規定

企業勞動規章中安全衛生環境的內容主要是規定企業行政在勞動安全衛生方面應履行的義務，包括：

‧企業應為員工提供符合國家標準的工作條件；

‧按照員工勞動崗位安全衛生的需要，建構安全衛生設施；

‧按照國家規定為員工發放合格的勞動防護用品及安全防護裝備。

（4）安全培訓的規定

安全培訓，是指企業為了保證安全生產，對員工實行的安全訓練。企業勞動規章中安全培訓的規定主要針對員工中的特種作業人員，企業應組織特種作業人員進行相關的業務技術培訓，使其取得相應的特種作業資格證書。特種作業的員工必須持證上崗。

（5）健康檢查的規定

健康檢查是企業對員工實施勞動安全衛生保護的一項重要措施，企業勞動規章中應對此作出規定。規定的內容包括對全體員工普遍進行健康檢查和對從事有職業危害性作業的人員定期進行健康檢查兩個方面。

（6）女員工特殊安全衛生保護的規定

企業在生產勞動過程中，必須對女員工進行特殊勞動保護，這是由女員工身體結構和生理特點決定的。企業勞動規章必需作出相關的規定，主要內容包括：

· 女員工月經期的安全衛生保護；

· 女員工孕期的安全衛生保護；

· 女員工哺乳期的安全衛生保護；

· 女員工生產勞動過程中的其他安全衛生保護。

企業勞動規章在規定上述四個方面的女員工特殊勞動保護時，應明確規定每一項安全衛生保護的具體內容和實施保護的具體措施。

（7）在勞動安全衛生保護方面員工的權利與義務

員工在生產勞動過程中既享有勞動安全衛生保護的權利，也要履行相應的義務，才能真正保護勞動者在勞動過程中的安全與健康。企業勞動規章中應規定員工在生產勞動過程中享有哪些方面的安全衛生保護的權利，履行哪些具體的義務。企業應在保證勞動者享有權利和

履行義務方面制定相應的制度和措施。

7.員工培訓

員工培訓，又稱職業技能培訓，是指企業按照工作需要對員工進行的職業道德、管理知識、業務技術、操作技能等方面的教育和訓練活動，才能緊跟時代步伐，在激烈的競爭中求生存、謀發展。企業勞動規章應對員工培訓進行規範，從培訓的指導原則、計畫、培訓方式、培訓經費保障以及培訓的組織實施等方面予以規定。

（1）員工一般培訓的規定

員工一般培訓，是指企業對全體員工實施的旨在提高員工素質的具有普遍意義的教育訓練，包括在崗（職）、轉崗、晉升、轉業及新錄用人員上崗前的培訓等。企業勞動規章中員工一般培訓應規定如下事項：

・員工一般培訓的指導原則；

・員工一般培訓計畫的制定與實施；

・員工一般培訓的種類與方式；

・員工接受一般培訓的義務。

（2）員工脫產培訓的規定

員工脫產（離開工作崗位）培訓，是指員工離開生產工作崗位專門進行的學習和教育。企業勞動規章中員工脫產培訓的規定主要包括下列事項：

・員工需要進行脫產培訓的申請、審批程式和權限；

・企業與脫產培訓員工簽訂培訓合同，合同中應約定有關事項，如培訓目標、內容、期限、雙方的權利義務及違約責任等；

・企業在員工脫產培訓期間保證員工落實培訓的有關措施；

・員工脫產培訓期間的工資及其他相關待遇；

‧員工脫產培訓結束後的工作安排及有關使用待遇確定等問題。

（3）員工業餘培訓的規定

　　業餘培訓，是指員工在工作時間之外參加各種形式的學習和技能訓練。企業勞動規章中應對員工業餘培訓予以規定，主要內容包括：

‧企業對員工業餘培訓的有關政策；

‧員工參加業餘培訓與在職工作關係的處理；

‧員工業餘培訓有關費用的負擔等。

（4）員工特別培訓的規定

　　員工特別培訓，是指企業對高層管理人員和從事技術工種的員工進行的專門培訓。企業勞動規章中員工特別培訓的規定主要有三項：

‧員工特別培訓的範圍及對象；

‧員工特別培訓的條件；

‧員工特別培訓的目標和基本要求等。

（5）員工退還培訓費的規定

　　員工退還培訓費是針對脫產培訓和特別培訓員工的。企業勞動規章中應對此兩類由企業出資培訓的員工，完成培訓任務後提前終止勞動關係時退還培訓費用作出規定，包括退還培訓費的原則、比例、方式等。

二、員工行為規範的規定

　　企業勞動規章中員工行為規範的規定，是指對員工在生產勞動過程中的紀律、崗位操作規則、道德修養、儀容儀表等方面要求的總稱。企業勞動規章應把員工的行為規範作為重要內容予以規定，主要包括勞動紀律、崗位規範、獎勵與懲罰措施等。

1.勞動紀律的規定

勞動紀律，是指企業依法制定的，全體員工在生產勞動過程中必須遵守的行為規則。它要求企業所有員工都必須按照規定的時間、地點、質量、方法和程式等方面的統一規則，完成自己的勞動任務，實現全體員工在生產勞動過程中的行為方式和協作方式的規範化，以維護正常的生產和工作秩序。企業的勞動紀律必須由企業勞動規章予以規定，其內容包括時間紀律、組織紀律、崗位紀律、協作（協調合作）紀律、安全紀律、品行紀律等。

2.崗位規範的規定

崗位規範，是企業安排員工上崗，簽訂上崗合同，規範崗位職責，組織崗位生產的依據，是對員工進行崗位考評的標準之一。崗位規範一般由崗位名稱、崗位職責、生產技術規程、員工上崗標準等組成。主要有

（1）崗位規範的基本要求

企業勞動規章中，對崗位規範的基本要求主要規定內容有：崗位規範的作用，制定崗位規範的依據和程式，制定和實施崗位規範應當遵循的基本原則等。崗位規範應保持相對穩定。

（2）崗位職責的規定

崗位職責，是指每一個勞動崗位的職能和在崗員工的責任。企業勞動規章中規定崗位職責的內容主要包括以下三個方面：

‧本勞動崗位的職能範圍和員工工作內容；

‧本勞動崗位與其他崗位之間的關係；

‧員工在本崗位上按規定的時間應當完成的工作指標，包括數量指標和質量（品質）指標。

（3）員工上崗標準的規定

員工上崗標準，是指員工履行崗位職責應當具備的自身條件。企業勞動規章對員工上崗標準的規定內容如下：

· 職業道德標準；

· 專業知識和實際技能標準；

· 工作資歷標準；

· 文化（教育）程度標準；

· 身體條件標準。

（4）生產技術規則的制定

生產技術規則，是指企業執行國家、行業、地方和本企業生產標準，保持生產秩序，穩定產品質量，保證設備有效使用和安全的具體規定。其主要內容為：

· 生產工藝(技術)規程；

· 員工操作機器設備規程；

· 設備維修和檢修規程；

· 安全技術規程。

3.獎勵和懲罰的規定

獎勵，是企業對員工的褒揚和鼓勵，包括精神獎勵和物質獎勵。懲罰，是指企業對違紀員工的制裁和處罰。獎勵和懲罰的目的都是為教育員工，增強員工的責任感，鼓勵其發揮積極性和創造性，維護正常的生產秩序和工作秩序，提高勞動生產率和工作效率，促進企業發展。企業依法享有對員工實施獎懲的權力，因此，企業勞動規章中應對獎懲問題予以規定，包括獎懲的條件、獎懲的原則、獎懲的種類、獎懲的批准權限及實施中的相應制度和措施等。

（1）獎懲的原則

獎懲的原則是企業對員工實施獎懲應當遵循的基本準則，決定著

獎懲制度的方向。企業勞動規章中針對此原則的規定主要有：企業對員工實施獎懲的目的。

企業對員工實施獎懲的指導原則。在獎勵上，以精神獎勵和物質獎勵相結合，以精神獎勵為主；在懲罰上，以思想教育(溝通、警告)為主，懲罰為輔。

企業對員工實施獎懲應遵循的依據和具體原則。例如，堅持以法律、法規、章程、制度為依據，以事實為準繩，及時、公正、有效的原則，力求公開透明、公平合理、實事求是等。

（2）獎懲權限和程序的規定

獎懲權限和程序都是企業實施員工獎勵制度的一種保障措施，可以防止企業濫用獎懲權力，保持獎懲工作正常有序，保證獎懲工作客觀、公正、合理。企業勞動規章中獎懲權限和程式的規定一方面規定獎懲的權限，即員工獎懲分別由哪一級實施，另一方面規定獎懲的程序，即對員工實施獎懲應由誰提出，經過什麼樣的形式討論，由哪一級進行審批和決定。

（3）獎勵的規定

企業勞動規章中對員工實施獎勵的規定主要包括兩方面的內容：獎勵的條件和獎勵的種類。其中，獎勵的條件包括：

・員工在完成生產工作任務，提高產品質量，節約費用、能源或降低消耗及成本方面成績顯著者。

・員工在生產、項目研究、工藝設計、產品設計、技術改造、改善勞動條件等方面，取得重大成果或成績顯著者。

・員工對企業改進經營管理，促進安全生產，提高產品質量等方面提供建設，使企業獲得明顯經濟效益者。

・員工保護公共財產，防止或減少事故損失有功，使企業或者其他

員工免受重大損害者。

‧員工一貫忠於職守，積極參與工作，廉潔奉公，事蹟突出或表現傑出者。

‧員工在其他方面對企業或對社會有顯著貢獻者。

獎勵的種類有：記功、記大功、晉級、通令嘉獎、授與先進生產（工作）者、授予勞動模範等榮譽稱號。企業在給予員工上述獎勵的同時，還可以根據員工功績大小，給予一次性獎金或其他物質獎勵。

（4）懲罰的規定

　　企業勞動規章中對員工懲罰的規定包括實施懲罰的條件、處分的種類、罰款及賠償經濟損失等內容。

（5）員工曠工的處理規定

　　曠工，是指員工無正當理由，不履行請假手續，又不上班的行為。曠工屬於違反勞動紀律的一種表現，但有關法規沒有把曠工行為列入員工違紀表現中，而是作為一種特殊情況專門作出規定。因此，企業勞動規章也應對員工曠工的處理予以規定。

三、勞動爭議處理的規定

　　勞動爭議，亦稱勞資糾紛，是指企業和勞動者之間，因執行勞動紀律、法規，履行勞動合同，持不同的主張和要求而發生的爭執。勞動爭議處理，是指企業和勞動者發生勞動爭議後，通過哪些途徑，採取什麼方式解決。企業勞動規章中應對勞動爭議處理作出規定。主要有以下內容：

（1）勞動爭議處理通則

　　勞動爭議處理通則主要規定發生勞動爭議後，企業與員工應以何

種態度，按什麼原則來處理，以及解決爭議的方式和程式等。

（2）企業勞動爭議調解委員會的規定

在勞動規章中，應對企業設立勞動爭議調解委員會作出規定，明確由調解委員會調解企業與員工發生的勞動爭議。同時，企業勞動規章中還可就調解委員會的人員組成、工作職責等作出規定。

（3）勞動爭議的預防

勞動爭議的預防，是指採取有效措施防止勞動爭議的發生和擴大。企業勞動規章中應對勞動爭議預防予以規定，主要規定企業內部各級組織預防勞動爭議發生的職責及防止勞動爭議發生的具體措施。

四、制定企業勞動規章的要求

企業在制定勞動規章時，除了要有充分可靠的依據，堅持一定的原則，遵循一定的程序外，在起草勞動規章草案文稿以及在討論審議時，還應符合以下要求：

（1）符合格式，內容齊全

企業勞動規章是一種程序性的文件，它和章程、規定等檔一樣，在制定時應符合有關格式的要求，勞動規章的文本應按一定格式形成。目前，尚無企業勞動規章的立法，其格式還沒有法律的依據和標準，但企業勞動規章是具有約束力的一種檔，從實踐中看，應符合規範性檔的格式要求。一般來說，企業勞動規章本文應由名稱(標題)、正文(內容)、落款(結尾)三部份組成。名稱可寫成某某公司勞動規章；正文部分主要規定勞動規章的內容，可以分章，每章可以列條、款、項，也可以不分章，直接以條、款、項的方式表述；落款主要寫明勞動規章的發布日期和生效的時間。

　　企業勞動規章是企業調整勞動關係的重要依據，是實施勞動管理的重要制度，因此，其內容應當涵蓋勞動關係的各方面，凡涉及到勞動管理，企業和勞動者勞動權利和義務的事項都應在勞動規章中作出相應的規定。企業勞動規章既要有規範一般員工勞動行為的條款，也要有規範經營者和管理者管理行為的條款。企業勞動規章內容要齊備完整的另一層涵義是，企業制定的勞動規章要有系統性、邏輯性，內容不能凌亂、不能東拼西湊。

（2）文字表述應樸實莊重

　　企業勞動規章是一種規範性檔，不是新聞稿，不是經驗資料，在文字表述上應有自身特點和要求，為了達到上述要求，制定企業勞動規章時應做到準確地使用專業詞語。在企業勞動規章中，有許多條款都涉及到勞動法和勞動保障業務的專業術語。企業在制定勞動規章時，文字表述應當使用專業詞語的一定要使用專業詞語，這既是勞動規章語言規範的要求，又符合規範性文字表述的統一。比如，工資報酬標準，延長工作時間，不定時工作制，社會保險，勞動合同的訂立、解除、變更、終止，勞動爭議處理等，盡量都保持與勞動法或勞動保障業務用語相一致。當然，在企業勞動規章，並不要求連篇累牘地泛泛照搬專業術語，而是強調應當運用的一定要運用。凡運用專業術語時，一定要做到準確，不能讓專業術語走形變樣。例如，「不定時工作制」不要寫成「非正規工時規定」，「夜班」不要寫成「晚班」或「黑班」。

　　語言力求完整規範。由於企業勞動規章在文字表述上要求準確鮮明，言簡意賅，使所表述的內容十分清楚，執行中不出現爭議，因而語言結構力求規範，句子成份必須完整，不能只為了精錬而說半句話，無原則地一味求簡，一般不要使用省略或簡稱的語言。比如

企業與員工解除勞動合同時，依法給予的「經濟補償金」，表述時不能簡稱為「補償」。節日或休假日安排員工工作，支付延長工作時間的工資標準不要簡單地表述為按300%、200%支付延長工作時間的工資。如果只寫300%、200%支付加班加點工資，由於缺少了依據條件，執行中會導致標準難以確定。

準確地表述數量。企業勞動規章裡的數詞比較多，而且至關重要，因而文字表述一定要清楚，不能含糊，不能有伸縮性，不能亂用縮略語。比如企業規章中規定對於無正當理由連續曠工十五天的員工，企業有權予以除名的表述，「15」天這一數量用詞就必須準確，不能含糊地表述為「十多天」。又如，對員工違反操作規程或勞動紀律，給予企業造成重大經濟損失的行為，勞動規章規定應由員工賠償的文字表述，應寫明具體的數量範圍，或者確定基數和百分比，而不能寫成酌情要求賠償。當然，一些有特定含義的表達數量的詞句並非一定要用數字，如多胞胎生育、多次違反紀律等，此處用「多」字表述就能說明問題。

語言表述應言簡意賅。企業勞動規章的文字既要做到語言簡潔，又要做到文意完備。制定勞動規章時文字表述一定要處理好兩者的關係。語言簡潔，是指語句應簡練明快、乾淨俐落，用最少的文字來表達最豐富的內容，文字不能冗長、不能囉唆，不要造成語言相互重疊。但是語言簡潔並不是愈簡單愈好，而是要文意完備；否則，就會辭不達意，造成疏漏。

語句應前後對應，不自相矛盾。所謂前後照應，是指相關的詞語要搭配得當，運用的幾個限制口徑應一致，條與條、款與款、項與項以及句與句之間，前後不能矛盾；否則會出現內容相互牴觸，文意含混不清的現象。例如，企業勞動規章裡前一章規定，對於符合

　　解除勞動合同條件的員工，企業與其解除勞動合同後，一般在七日內處理完各種手續。但在後一章針對員工的條款中又規定，員工與企業解除勞動合同，必須在七日內處理完各種手續，對同一事項在文字表述時用了「一般」和「必須」的不同表述，令人產生歧異。

　　「一般」排除了特殊情況，而「必須」則沒有任何例外。還有的勞動規章對同一概念使用不同的詞語，如在有的章節裡用「解聘」，而在有的章節裡用「解除勞動合同」「解除勞動關係」等，這種文字表述就是前後不照應。

西進大陸
不冒險

3 員工招聘》

一、招聘主體資格審查

二、招聘對象就業資格審查

三、畢業生就業規定

熱點評説 ▶員工雇用條件的制定

案例1 他為何閃電離職－從閃電離職看招聘

案例2 招聘的主觀直覺和客觀依據

招聘主體資格審查

問 題 國有企業招聘主體資格的條件

法條來源

中華人民共和國全民所有制工業企業法1988年4月13日第七屆全國人民代表大會第一次會議通過 1988年4月13日中華人民共和國主席令第3號公佈

相關法條

◉ 第二條

全民所有制工業企業(以下簡稱企業)是依法自主經營、自負盈虧、獨立核算的社會主義商品生產和經營單位。企業的財產屬於全民所有，國家依照所有權和經營權分離的原則授予企業經營管理。企業對國家授予其經營管理的財產享有佔有、使用和依法處分的權利。企業依法取得法人資格，以國家授予其經營管理的財產承擔民事責任。企業根據政府主管部門的決定，可以採取承包、租賃等經營責任制形式。

◉ 第十六條

設立企業，必須依照法律和國務院規定，報請政府或者政府主管部門審核批准。經工商行政管理部門核准登記、發給營業執照，企業取得法人資格。企業應當在核准登記的經營範圍內從事生產經營活動。第十七條 設立企業必須具備以下條件：

(一)產品為社會所需要。

(二)有能源、原材料、交通運輸的必要條件。

(三)有自己的名稱和生產經營場所。

(四)有符合國家規定的資金。

(五)有自己的組織機構。

(六)有明確的經營範圍。

(七)法律、法規規定的其他條件。

◉ 第三十一條

企業有權依照法律和國務院規定錄用、辭退職工。

◉ 第三十二條

企業有權決定機構設置及其人員編制。

問 題　私營企業招聘主體資格條件

法條來源

中華人民共和國私營企業暫行條例

相關法條

◉ 第二條

本條例所稱私營企業是指企業資產屬於私人所有、雇工八人以上的營利性的經濟組織。

◉ 第十一條

下列人員可以申請開辦私營企業：

(一)農村村民；

(二)城鎮待業人員；

(三)個體工商戶經營者；

(四)辭職、退職人員；

(五)國家法律、法規和政策允許的離休、退休人員和其他人員。

◉ 第十二條

私營企業可以在國家法律、法規和政策規定的範圍內，從事工業、建築業、交通運輸業、商業、飲食業、服務業、修理業和科技諮詢等行業的生產經營。私營企業不得從事軍工、金融業的生產經營，不得生產經營國家禁止經營的產品。

◉ 第十三條

申請開辦私營企業應當具備下列條件：

(一)與生產經營和服務規模相適應的資金和從業人員；

(二)固定的經營場所和必要的設施；

(三)符合國家法律、法規和政策規定的經營範圍。

◉ 第十四條

有限責任公司章程應當包括下列事項：

(一)公司名稱和住所；

(二)開辦公司的宗旨和經營範圍；

(三)註冊資金和各個投資者的出資數額；

(四)投資者的姓名、住所及投資者的權利、義務；

(五)公司的組織機構；

(六)公司的解散條件；

(七)投資者轉讓出資的條件；

(八)利潤分配和虧損分擔的辦法；

(九)公司章程的修改程式；

(十)需要訂明的其他事項。

◉ 第十五條

申請開辦私營企業，必須持有關證件向企業所在地工商行政管理機

關辦理登記,經核准發給營業執照後,始得營業。

◉ 第三十條

私營企業必須執行國家有關勞動保護的規定,建立必要的規章制度,提供勞動安全、衛生設施,保障職工的安全和健康。私營企業對從事關係到人身健康、生命安全的行業或者工種的職工,必須按照國家規定向保險公司投保。私營企業有條件的應當為職工辦理社會保險。

◉ 第三十一條

私營企業實行八小時工作制。

◉ 第三十二條

私營企業不得招用未滿十六周歲的童工。

◉ 第三十三條

私營企業工會有權代表職工與企業簽訂集體合同,依法保護職工的合法權益,支持企業的生產經營活動。

問題　外資企業招聘主體資格條件

法條來源

中華人民共和國外資企業法

相關法條

◉ 第二條

本法所稱的外資企業是指依照中國有關法律在中國境內設立的全部資本由外國投資者投資的企業,不包括外國的企業和其他經濟組織在中國境內的分支機構。

◉ 第三條

設立外資企業，必須有利於中國國民經濟的發展。國家鼓勵舉辦產品出口或者技術先進的外資企業。 國家禁止或者限制設立外資企業的行業由國務院規定。

◉ 第四條

外國投資者在中國境內的投資、獲得的利潤和其他合法權益，受中國法律保護。

◉ 第六條

設立外資企業的申請，由國務院對外經濟貿易主管部門或者國務院授權的機關審查批准。審查批准機關應當在接到申請之日起九十天內決定批准或者不批准。

◉ 第八條

外資企業符合中國法律關於法人條件的規定的，依法取得中國法人資格。

◉ 第十二條

外資企業雇用中國職工應當依法簽定合同，並在合同中訂明雇用、解雇、報酬、福利、勞動保護、勞動保險等事項。

 # 招聘對象就業資格審查

問 題	如何確定招聘對象就業資格

法條來源

中華人民共和國勞動法

相關法條

◉ 第十二條

勞動者就業，不因民族、種族、性別、宗教信仰不同而受歧視。

◉ 第十三條

婦女享有與男子平等的就業權利。在錄用職工時，除國家規定的不適合婦女的工種或者崗位外，不得以性別為由拒絕錄用婦女或者提高對婦女的錄用標準。

◉ 第十四條

殘疾人、少數民族人員、退出現役的軍人的就業，法律、法規有特別規定的，從其規定。

◉ 第十五條

禁止用人單位招用未滿十六周歲的未成年人。

文藝、體育和特種工藝單位招用未滿十六周歲的未成年人，必須依照國家有關規定，履行審批手續，並保障其接受義務教育的權利。

法條來源

勞動部關於印發《全民所有制公司職工管理規定》的通知

相關法條

◉ 第四條

公司必須根據批准的編制定員、國家有關政策規定和要求編制勞動計畫，按照勞動計畫管理程式上報勞動行政部門，經批准後嚴格執行，不得超計畫增加人員。

◉ 第五條

公司在勞動計畫內招收和聘用職工，應面向社會、公開招收、全面考核、擇優錄用。對新招收的工人，除國家另有規定者外，必須按照《國營企業實行勞動合同制暫行規定》簽訂勞動合同，實行勞動合同制。

三 畢業生就業規定

問 題 各方的職責分工－用人單位

法條來源

普通高等學校畢業生就業工作暫行規定

相關法條

◉ 第十條

用人單位的主要職責

1.及時向主管部門報送畢業生需求計畫，向有關高等學校提供需求資訊；

2.參加供需見面和雙向選擇活動，如實介紹本單位情況，積極招聘畢業生；

3.按照國家下達的就業計畫接收、安排畢業生；

4.負責畢業生見習期間的管理工作；

5.向有關部門和學校回饋畢業生的使用情況。

熱 · 點 · 評 · 說

▶ 員工雇用條件的制定

　　《勞動法》第二十五條定，勞動者在試用期間被證明不符合錄用

條件的，用人單位可以解除勞動合同。這一規定，把企業在試用期解除員工勞動合同限制在不符合錄用條件上，企業在試用期間若要解除員工勞動合同，必須以不符合錄用條件為理由和依據。因此，錄用條件對於保護企業勞動權益極為關鍵。實務上，一些企業對試用期的員工不滿意，但又因為招聘員工時沒有制定明確的錄用條件而無法解除勞動合同，使試用期這一法律保護措施對企業失去了作用。企業要依據這一法律武器來保護勞動權益，就必須在招聘時對員工錄用條件做出具體明確的規定。

員工錄用條件的定義

員工錄用條件，也可稱員工錄用標準，是指用人單位根據本單位生產經營和工作特點，對所招收錄用的員工確定的資格。

錄用條件是對員工個人素質要求的綜合體現，不同的企業、不同的工作崗位對員工個人素質的要求不盡相同，這種差異決定不同的企業、不同的工作崗位需要對所招用的員工提出不同的錄用條件。錄用條件是用人單位招收員工時規定的最低素質標準，目的是讓應招對象暸解用人單位對員工素質的要求，從而做出是否應招的選擇。錄用條件一般在招工簡章中公佈。

▇ 員工錄用條件的內容

對於員工錄用條件，完全由企業根據自己用人的實際需要來確定。不同的工作崗位，應當確定不同的錄用條件，一般包括下述主要內容：年齡、性別、文化程度、專業知識、技術水準、工作資歷、業務能力、身體狀況、思想品德、其他條件。

▇ 制定員工錄用條件的注意事項

企業制定員工錄用條件，不僅是為了明確企業要招聘什麼樣的員

工，更重要的是一但在試用期發現員工不符合錄用條件，則有客觀標準作依據來果斷進行處理，保護勞動權益，因此，應注意以下事項：

（1）錄用條件必須合法

合法，即錄用條件的內容、標準不違反國家法律、法規和有關政策的規定。合法是企業勞動用工的基本要求，凡企業在勞動用工方面的行為都必須遵守法律，制定錄用條件是企業招收員工的一方面工作，也應嚴格依法辦事。例如，錄用條件中的勞動者就業年齡應符合法定勞動年齡，不得招用童工；不適合女性從事勞動的工種崗位，不得招用女性；對女性勞動者、少數民族等不得有歧視。合法還包含合理公平。

（2）錄用條件應當全面

企業在制定錄用條件時，不要怕麻煩、圖省事、簡單地列出幾項，而是要全面，需要考察的事項都應作為錄用條件。因為一但缺少任何一項，員工在適用期間不合格，又沒有相應的錄用條件作依據，便不能解除勞動合同。

（3）錄用條件必須具體

錄用條件不是對員工的工作鑑定，不能用忠於職守、作風正派、勤奮工作等工作鑑定用的詞語，而是要確定具體的標準，凡是能夠用數字的一定要用數字表明，如身高是多少、教育程度是大學還是大專，工作資歷幾年等。無法用數字的也盡量表示出能夠檢驗的標準，如專業技術、業務能力，應要求能勝任本崗位工作，而本崗位工作應達到什麼樣的標準，要做出明確規定，如果有資格證書要求的工作崗位應寫明證書名稱及等級。

（4）錄用條件與從事的崗位及職責要求相一致

員工錄用條件應當與員工所從事的工作崗位及職責的客觀要求相一致，因為不同的工作崗位、工作職責對員工素質的要求是不同的。例如，不能把所招聘的員工通通用一樣的條件來要求，也不能用銷售人員的條件拿來套用到生產、管理崗位，檢驗和技術人員。

案例1 他為何閃電離職－從閃電離職看招聘

【案情】

小李是一個優秀的物流管理人才，有著多家大型快速消費品企業的物流管理經驗。而且業績突出，在業內享有盛名。

A公司是一家2005年10月註冊成立的快速消費品生產和銷售企業。由於產品獨特，一投入市場，便有大批訂單蜂擁而至。2006年入夏以來，隨著業務量的激增，物流運轉不夠順暢，物流成本不斷增加，效率大打折扣，一些經銷商的不滿情緒漸增。在這種情況下，公司迫切需要一位優秀的物流管理人才。

此時，想換換工作環境和希望接受挑戰的小李前來應聘，人力資源部經理久聞小李大名，見機會難得，直接上報總裁。總裁求賢若渴，親自上陣面試，經過交談發現小李確是自己夢寐以求的物流管理人才，於是當場拍板，讓小李次日上班，擔任物流部經理。人力資源部經理和總裁如釋重負。但是，三個星期以後，二人都意外地收到小李的辭呈。

經過多方面瞭解，人力資源部經理弄清了小李離職的原因：(一)思路活潑、喜歡創新和挑戰的小李與保守穩重的直接上級生產副總多次因意見不統一而發生衝突；(二)小李在A公司物流部面對一群「素質不高」的同事，經常產生一種「曲高和寡」的孤獨感；(三)小李

無法適應一個各項制度不健全、管理流程混亂的企業，認為在這樣的企業，自己的能力無從施展。

【評析】

小李的閃電離職令人深思。究其原因，根源在於A公司的招聘失誤。對這一失誤的概括就是：公司只是急於聘到優秀的人才，而沒有考慮要聘合適的人才以及怎樣去聘合適的人才。

(一)從總體上說，失誤在一個「急」字

A公司急於聘到能人，導致招聘過於倉促，企業與擬聘人才雙方缺乏深入瞭解。當公司一碰到優秀的物流管理人才小李，人力資源部經理和總裁就犯了同一個錯誤：只看到小李的物流管理能力，而沒有考察其能力在本公司到底能發揮多少作用。任何人能力的發揮都是需要條件的，A公司至少沒有考慮以下問題：小李習以為常的或者說小李能承受的工作環境和氛圍本公司現在是否具備，小李能適應一個剛剛成立、尚在起步中的企業嗎?從小李的角度來講，他想換換工作環境和接受新的挑戰，對A公司的實際情況缺乏深入瞭解，也沒有考慮自己能否適應。

(二)招聘策略失誤。人才與組織不匹配(相當)

這是造成小李閃電離職的最主要原因。A公司招聘策略上的失誤集中反映在只關注人崗匹配，而沒有考察人與組織的匹配問題。人崗匹配固然重要，但是對於處於初創期的A公司來說，人與組織的匹配問題更重要。而A公司不但沒有在追求人與組織的高度(程度)匹配上下功夫，反而根本沒有考慮這一問題。

表現在：

1‧沒有考察個人與團隊的融合程度。A公司的招聘沒有考慮小李的

風格是否與主管以及擬任職團隊的特性相匹配。在A公司，小李的直接上級是一個保守穩重的人，而小李是一個喜歡挑戰和思想活躍的人，二者的個性和行為風格迥異，所以雙方配合發生衝突也在預料之中。另外，A公司物流部現有的工作人員觀念相對陳舊、素質不高，而剛剛上任的經理小李卻是一個觀念超前、能力優異的人，小李"曲高和寡"的孤獨感由此而生。

2．沒有考察個人對企業現狀的適應程度。小李業務能力強，業績佳，但未必是A公司擬聘的最佳人選。因為小李的工作經歷都是在大型快速消費品企業工作，相對來說，大型企業的各項管理制度和流程比較成熟和完善，小李也因此而養成了一種工作習慣和行事作風，甚至是思考問題的方式。而A公司成立不久，各方面管理制度和管理流程還不規範，小李能否適應確是應該考慮的問題。

（三）招聘準備不足

1．沒有明確的選人標準。在A公司無論是人力資源部，還是公司總裁，都急於招聘一個優秀的物流管理人才，而對於具體招聘一個什麼樣的物流管理人才卻沒有明確的定位。導致在招聘過程中只關注小李的能力和業績，以至於倉促做出錄用決策。

2．人才評價方法和工具缺失。在A公司的整個招聘過程中，各種判斷和決策都帶有濃厚的主觀色彩，幾乎是一種"跟著感覺走"的情況。A公司對於小李的評價只有公司總裁的主觀感知，而缺乏科學依據。比如，沒有對小李的個性特徵做出評價，同時也沒有對小李的勝任特徵、適應能力、價值觀念等做出科學的判斷。

（四）招聘流程上失誤

　　A公司沒有考慮怎樣合適地去聘人的問題。招聘流程上的失誤為

小李的離職埋下了伏筆。比如，在招聘小李的過程中，只有人力資源部經理和公司總裁面試，而真正的用人單位，也就是小李的直線上級生產副總沒有參加與招聘，也沒有徵求他任何意見。這一關鍵人物在招聘過程中的缺失，是導致小李閃電離職的另一個重要原因。

■ 實現成功招聘應注意的問題

小李離職事件給我們的最大啟示就是：招聘的最大挑戰不在於聘到人才，而在於聘到合適的人才，而且要合適地去招聘人才。具體而言，實現成功招聘應注意的問題集中在以下兩方面：

(一)聘到合適的人

首先，制定合理的招聘策略。招聘策略應視企業所處的生命週期或企業的人力資源管理戰略制定。一般說來，在企業發展初期，招聘策略應尋求與組織高度匹配的員工。因為處在這個時期的組織，特別強調凝聚力和協作精神。而個性、價值觀和態度一致的員工更易形成凝聚力，提高工作效率，從而利於企業的發展壯大。所以，成長期的企業在選聘人才的過程中，除了關注人崗匹配外，更應考察：(1)擬聘人員的風格是否與主管相匹配；(2)人才的個性特點是否與擬任職團隊特性相匹配；(3)擬聘人員能否適應企業現狀；(4)擬聘人員對企業文化的認可程度及其價值觀是否與企業匹配等。

其次，進行充分的招聘準備。這些準備包括：第一，要有明確的選人標準。企業在招聘之前，應根據實際情況如(公司的文化、擬任職團隊的特性等)確定擬聘人員的職能(Competency)，比如，需要具備的技術知識、能力(包括學習能力、分析問題的能力、創新能力和團隊合作能力等)以及個性特徵等。甚至可以細化到學歷、年齡、專業經驗、業績、性格氣質、家庭情況、薪酬水準等。只有達到預定標

準的應聘者才是合適的人才，才是企業積極招聘的對象。第二，科學的評價方法和評價工具的有效運用。可以通過自傳資料、人格測試、能力測試、興趣測驗、面談及情境模擬等多種工具和手段對擬聘人才進行評價，根據評價的結果來決定是否錄用。合適的人才評價方法和工具可以為成功招聘提供科學依據，提高招聘者所做評價的準確性和可靠性，確保企業招聘到真正合適的人才。

(二)合適地去聘人

首先，要講究效率，避免盲目追求速度，而忽視品質。在實際招聘過程中，必須讓企業和應聘者彼此深入瞭解，在雙方相互瞭解的基礎上做出判斷和選擇。

其次，要制定合理的招聘流程，並按流程「按步走」，一步都不能少。在招聘過程中，必須由用人部門的負責人拍板定案，或者至少必須讓用人部門負責人參與面試並發表意見，因為只有用人部門的負責人最瞭解本部門的實際情況，也只有他最清楚要聘什麼樣的人，或者說，什麼樣的人才最能貫徹自己的工作思路、最合乎團隊工作的氛圍。總之，成功的招聘需要通過控制招聘過程，來達到良好的招聘績效，從而避免在招聘過程中埋下人員離職的伏筆。

案例2 招聘的主觀直覺和客觀依據

【案情】

耐頓公司是NLC化學有限公司在中國的子公司，主要生產、銷售醫療藥品。隨著生產業務的擴大，為了對生產部門的人力資源進行更為有效的管理開發，2000年初始，分公司決定在生產部門設立一個

新的職位，主要工作是負責生產部與人力資源部的協調工作。部門經理希望從外部招聘合適的人員。

根據公司的安排，人力資源部設計了兩個方案：一是通過在本行業專業媒體中做招聘廣告，費用為3500元，優點是：符合標準的應聘人員的比例會高些，招聘成本低；缺點是企業宣傳力度小。另一個方案為在大眾媒體上做招聘廣告，費用為8500元，優點是：企業影響很大；缺點是不合格的應聘人員的比例很高，前期篩選工作量大，招聘成本高。人力資源部的初步意見是選用第一種方案。人力資源部把兩種方案向上級主管報告，回來的意見是，考慮到公司在大陸地區處於初期發展階段，市場的知名度不高，公司應該抓住每一個宣傳企業的機會，而第二種方案顯然有利於宣傳企業，所以人力資源部最後選擇了第二種方案。

在接下來的一周裡，人力資源部收到了800多份簡歷，人力資源部的人員首先從800多份簡歷中選出70份候選簡歷，然後經再次篩選，最後確定5名候選的應聘人員，並將這5個候選人名單交給了生產部的負責人。經過與人力資源部協商，生產部經理於欣最後決定選出兩人進行面試。這兩位候選人是李楚和王智勇，人力資源部獲得的他們的資料如下表：

從以上的資料可以看出，李楚和王智勇的基本資料相當。但值得注意的是：王智勇在招聘過程中，沒有上一個公司主管的評價。公司告知兩人一周後等待通知。在此期間，李楚在靜待佳音；而王智勇打過幾次電話給人力資源部經理，第一次表示感謝，第二次表示非常想得到這份工作。

人力資源部和生產部門的負責人對兩位候選人的情況都滿意，雖

然第二位候選人的簡歷中沒有在前一個公司工作的主管的評價，但是生產部負責人認為並不能說明其一定有什麼不好的背景。生產部的負責人雖然感覺王某有些圓滑，但還是相信可以管理好他，再加上王某在面試後主動與該公司聯繫，生產部主管認為其工作比較積極主動，所以最後決定錄用王某。

王智勇來到公司工作了六個月，公司經觀察發現：王智勇的工作不如預期的那樣好，指定的工作經常不能按時完成，有時甚至覺得他不勝任其工作。

王智勇也覺得很委屈：工作一段時間之後，他發現招聘時所描述的公司環境及其它方面情況與實際情況並不一樣；原來談好的薪酬待遇在進入公司後有所減少；工作的性質和面試時所描述的也有所不同；沒有正規的工作說明書作為崗位工作的基本依據。

【評析】

招聘工作好壞的評價標準一般有兩個，一是是否符合招聘成本的要求，即招聘員工時花費的費用的多少，二是招聘來的人員進入公司後工作的情況，其中第二個標準佔有更重要的地位，對企業的影響更長久。

耐頓公司的招聘顯然是不成功的，不僅招聘的費用比較高，更為糟糕的是新聘人員的工作表現與公司的預期有比較大的差距。耐頓公司在招聘王某時同時放棄了其他的優秀人選，其他的優秀人選進入公司可能創造的價值的損失，再加上招聘王某的費用以及由於王某在工作中的不良表現而引起的管理成本的增加和對其他人員的消極影響等，就足以說明耐頓公司的招聘不成功。耐頓公司招聘不成功主要有兩個原因：一是人力資源部沒有為用人部門決策提供應聘

者足夠的客觀資料，從而使用人部門的主管不能全面、準確地評價應聘者；二是用人部門的主管決策時依據直覺作出的判斷被後來員工的表現證明是錯誤的。

王某工作表現不能達到公司對該職位的要求，可能有兩個原因：

一是對該職位的考核標準過高。

在公司現有的條件下達到這個標準困難相當大，甚至是不太可能的，無論王某如何努力，都將完不成任務。當王某認識到這一點時，就有可能表現為工作不努力，結果總是完不成任務；

二是職位的設置。

考核標準是比較科學的，但是由於工作態度有問題或工作技能、知識等有缺陷或是兼而有之，導致工作表現不合格。以上這兩個原因都與工作分析有關。如果沒有崗位分析作為基礎，崗位職責、目標的設置就有很大的隨意性，就不能科學地確定該崗位對人員的能力要求，因此，招聘來的人員就很可能不勝任工作。當然即使有準確科學的工作分析作為依據，但在招聘的過程中，程式上出現偏差也會導致招聘的人員不合要求，正如標準和程式的不公都會導致結果的不公一樣。耐頓公司招聘的職位是隨著業務的不斷發展而出現的一個新崗位，沒有現成的工作說明書。人力資源部在確定招聘標準時，更多地依靠用人部門的意見，這樣一來，用人部門對崗位的解釋、把握會直接影響到招聘的篩選標準。根據王某的抱怨也可以知道，公司並沒有該崗位的工作證明書。

案例中求職者李楚和王智勇的面試考核資料裏，只有姓名、性別、學歷、年齡、工作時間及以前工作表現等基礎資訊，對人員篩選來說這些資料是不夠的。一般企業在這時候往往通過面試時對求職者的

主觀印象做出判斷，這種判斷的客觀性和準確性是值得懷疑的。每一條資料所反映的只是求職者的某一方面、某一屬性，而每一個應聘個體都是立體的動態的，是由多方面組成的，其中的每一方面每一屬性都會對其本人在以後的工作表現中有不同的影響。這些資訊就成為招聘方把握應聘者以後的工作表現的依據，瞭解的資訊越多越全面，對該應聘者以後的表現就越有把握，反之資訊越少，就越難把握，風險就越大，發生聘用不合格的可能性就越大。同時，招聘人員在對應聘人員進行篩選時，如果對應聘者的瞭解缺少科學的方法技術，對應聘者作出判斷的客觀依據越少，就越有可能通過自己的主觀印象來作出判斷。耐頓公司在分析王智勇的應聘材料時，雖然注意到了王某的前一任主管的評價空缺，但是也沒有發現他有不良的資訊。正是由於資訊的不全面，才使其部門主管有"自信可以與王某處理好關係"的心理，並讓這一心理影響了最終的錄用。

從王智勇的抱怨中，可以看出耐頓公司在招聘時作了一些與公司實際情況不相符的宣傳，同時對王智勇做了一些承諾，而這些承諾顯然對王智勇進入該公司起了比較大的作用，也就是說王智勇對這些承諾是比較在意的，但是這些承諾在王智勇進入公司後並沒有得到實現或者沒有全部得到實現，從而對王智勇在公司的工作表現產生了一些消極影響。或許可以說王智勇之所以進入該公司是因為招聘人員在進行招聘時所作的宣傳和承諾對其有很大的吸引力，而王智勇之所以在進入公司後的工作表現不好是因為他發現實際的情況與自己的預期有一定的或者是比較大的差距，所以有一種被欺騙的感覺，結果影響了他的工作熱情和工作表現。其實招聘人員在宣傳企業時只說好的不說壞的，或者是誇大好的方面，隱藏企業的劣勢，做一些沒有把握實現

或根本不可能實現的承諾的情況並不少。

另外，耐頓公司沒有對招聘篩選過程做詳細的預先規劃。一般來講，篩選和面試求職者往往需要6-8周的時間，複試和決定人選要1周或更長的時間，決策後通知被選中的人員通常用2周時間。因此，人力資源部門要在需求預測中預計到企業職位的空缺時間，用以前招聘的經驗制定出新的招聘規劃，為企業經營發展策略的實施做好前期準備。

人力資源部在招聘時往往會基於兩個考慮，一是招聘費用要最低，二是宣傳效果要好。這兩者之間經常是互相矛盾的，如果選擇招聘成本最低則宣傳效果受到影響，如果選擇影響大的招聘管道則又會增加招聘成本。耐頓公司在招聘時考慮到公司剛剛起步需要加強宣傳，選擇在大眾媒體上做招聘廣告也是可以的，但是在招聘時間以及招聘程式上就不能與在專業媒體上做招聘廣告完全一樣。因為選擇在大眾媒體上做招聘廣告，應聘的人員基數增加，同時也增加了人力資源部的工作量。如果在增加了工作量以後，還是按照專業媒體的招聘時間和招聘程式，顯然會影響招聘的品質和招聘的效果。

在反映企業的招聘效率時一般可以用投入一產出率來衡量。投入是指求職者投到公司的簡歷數量；產出的意義為招聘結束後最終被企業錄用的人數。一般企業的投入和產出比例模式主要以"金字塔"型為主。

在耐頓公司的招聘中，投遞簡歷的人員數量、面試的人數和招聘的人員的比例明顯不符合這一標準，導致投入的人力、物力等成本高出預先計畫。一方面是因為耐頓公司考慮了招聘廣告對企業的宣傳作用，放寬了對投入一產出率的控制；另一方面也是因為這是一個新職位，公司本身對這個職位的要求不是很清楚，而使招聘廣告中不能很

準確科學地反映出這個職位對應聘人員的能力、素質等的要求。如果在招聘廣告中對崗位要求詳細說明,那麼,可以提高申請階段的投入品質,降低投入一產出過程中的比例,因為詳細的描述會使一些不合格的潛在求職者對自己進行自我淘汰。

一般來說,決定聘用哪一位應聘者是用人部門的責任,但是人力資源部作為招聘工作的一線人員,應該給用人部門提供足夠的資訊以方便用人部門做出決策。耐頓公司在招聘時,生產部負責人的自信和王智勇在面試後與公司的多次溝通,使負責人產生了對其決策有重大影響的直覺或者說是錯覺:雖然王智勇的經歷評價不完整,但這根本說明不了他有什麼不好和有不適應工作的地方,從而使決策偏向王智勇。這一招聘結果,用人部門的負責人自然有不可推卸的責任,但是由於人力資源部門提供的資訊不完整,用人部門的負責人不能有比較全面、準確、科學的客觀依據,只能更多地依靠主觀感覺作決定。因為人在決策時,需要同時依靠直覺和客觀依據,如果客觀的依據少一點,則依賴直覺就會多一點,他們兩者是此消彼長的關係。耐頓公司生產部負責人之所以相信自己的直覺,作出選擇王智勇的決定,一方面有其個人的原因,另一方面人力資源部也在充當著"幫兇"的角色。如果人力資源部能夠提供更多的客觀的資訊,用人部門依賴直覺就會少一點,聘用不當的可能性就會減小。所以可以說是用人部門和人力資源部門主客觀的原因綜合在一起導致了招聘的不成功。

西進大陸
不冒險

4 勞動合同管理》

一、勞動合同基本要素

二、勞動合同變更

三、勞動合同效力

四、勞動合同終止

五、勞動合同解除

六、集體勞動合同及其效力

熱點評説 ▶勞動合同的問題點
熱點評説 ▶試用期的約定和利用
熱點評説 ▶勞動合動期限的確定
熱點評説 ▶勞動合同中協商條款的約定
熱點評説 ▶勞動合同中不能埋下敗訴的隱患

案例1 協商一致解除勞動合同也要支付經濟補償金
案例2 勞動者持假文憑與用人單位簽訂勞動合同致使勞動合同無效案

勞動合同基本要素

問 題　勞動合同的形式－書面形式

法條來源

中華人民共和國勞動法第十九條關於《中華人民共和國勞動法》若干條文的說明與第十六條

相關法條

◉ 第十九條

勞動合同應當以書面形式訂立，並具備以下條款：

（一）勞動合同期限；

（二）工作內容；

（三）勞動保護和勞動條件；

（四）勞動報酬；

（五）勞動紀律；

（六）勞動合同終止的條件；

（七）違反勞動合同的責任。

勞動合同除前款規定的必備條款外，當事人可以協商約定其他內容。

◉ 第十六條

勞動合同是勞動者與用人單位確立勞動關係、明確雙方權利和義務的協議。

建立勞動關係應當訂立勞動合同。

問 題　勞動合同的形式－事實勞動關係

資料來源

關於貫徹執行《中華人民共和國勞動法》若干問題的意見

相關意見

17.用人單位與勞動者之間形成了事實勞動關係，而用人單位故意拖延不訂立勞動合同，勞動行政部門應予以糾正。用人單位因此給勞動者造成損害的，應按勞動部《違反〈勞動法〉有關勞動合同規定的賠償辦法》（勞部發 1995）223號）的規定進行賠償。

資料來源

關於貫徹執行《中華人民共和國勞動法》若干問題的意見

相關意見

82.用人單位與勞動者發生勞動爭議不論是否訂立勞動合同，只要存在事實勞動關係，並符合勞動法的適用範圍和《中華人民共和國企業勞動爭議處理條例》的受案範圍，勞動爭議仲裁委員會均應受理。

問 題　勞動合同的主體－用人單位

資料來源

關於貫徹執行《中華人民共和國勞動法》若干問題的意見

相關意見

13.用人單位發生分立或合併，分立或合併後的用人單位可依照其實際情況與原用人單位的勞動者遵循平等自願、協商一致的原則變更原勞動合同。

資料來源

關於貫徹執行《中華人民共和國勞動法》若干問題的意見

相關意見

15.租賃經營（生產）、承包經營（生產）的企業，所有權並沒有發生改變，法人名稱未變，在與職工訂立勞動合同時，該企業仍為用人單位一方。依據租賃合同或承包合同，租賃人，承包人如果作為該企業的法定代表人或者該法定代表人的授權委託人時，可代表該企業（用人單位）與勞動者訂立勞動合同。

資料來源

勞動部關於實行勞動合同制度若干問題的通知

相關意見

9.企業法定代表人的變更，不影響勞動合同的履行，用人單位和勞動者不需因此重新簽訂勞動合同。

問 題	勞動合同主體－勞動者

資料來源

關於貫徹執行《中華人民共和國勞動法》若干問題的意見

相關意見

6.用人單位應與其富餘人員(冗員)、放長假的職工簽訂勞動合同，但其勞動合同與在崗職工的勞動合同在內容上可以有所區別。用人單位與勞動者經協商一致可以在勞動合同中就不在崗期間的有關事項作出規定。

7.用人單位應與其長期被外單位借用的人員、帶薪上學人員、以及

其他非在崗但仍保持勞動關係的人員簽訂勞動合同，但在外借和上學期間，勞動合同中的某些相關條款經雙方協商可以變更。

8.請長病假的職工，在病假期間與原單位保持著勞動關係，用人單位應與其簽訂勞動合同。

9.原固定工中經批准的停薪留職人員，願意回原單位繼續工作的，原單位應與其簽訂勞動合同；不願回原單位繼續工作的，原單位可以與其解除勞動關係。

10.根據勞動部《實施<勞動法>中有關勞動合同問題的解答》（勞部發 1995）））202號）的規定，黨委書記、工會主席等專職人員也是職工的一員，依照勞動法的規定，與用人單位簽訂勞動合同。對於有特殊規定的，可以按有關規定辦理。

11.根據勞動部《實施<勞動法>中有關勞動合同問題的解答》（勞部發 1995）））202號）的規定，經理由其上級部門聘任（委任）的，應與聘任（委任）部門簽訂勞動合同。實行公司制的經理和有關經營管理人員，應依據《中華人民共和國公司法》的規定與董事會簽訂勞動合同。

12.在校生利用業餘時間勤工助學，不視為就業，未建立勞動關係，可以不簽訂勞動合同。

14.派出到合資、參股單位的職工如果與原單位仍保持著勞動關係，應當與原單位簽訂勞動合同，原單位可就勞動合同的有關內容在與合資、參股單位訂立勞務合同時，明確職工的工資、保險、福利、休假等有關待遇。

問 題　勞動合同鑑證審查內容

法條來源

勞動合同鑑證實施辦法

相關法條

◉ 第五條

勞動合同鑑證應審查下列內容：

（一）雙方當事人是否具備簽訂勞動合同的資格；

（二）合同內容是否符合國家法律、法規和政策；

（三）雙方當事人是否在平等自願和協商一致的基礎上簽訂勞動；

（四）合同條例是否完備，雙方的責任、權利、義務是否明確；

（五）中外文合同本文是否一致。

問 題　勞動合同適用對象

法條來源

中華人民共和國勞動合同法（草案）－2006.03.20公佈版本

－2006.12.29公佈二審稿版本

相關法條

◉ 第二條

中華人民共和國境內的企業、個體經濟組織、民辦非企業單位（以下簡稱用人單位）與勞動者建立勞動關係，訂立和履行勞動合同，適用本法。除公務員和參照公務員法管理的工作人員外，國家機關、事業單位、社會團體和與其建立勞動合同關係的其勞動合同的訂立、履行、變更、解除和終止，依照本法執行。

問 題　勞動合同期限

法條來源

中華人民共和國勞動合同法（草案）－2006.03.20公佈版本

相關法條

◉ 第九條

勞動合同應當以書面形式訂立。勞動合同期限分為有固定期限、無固定期限和以完成一定工作為期限3種。有固定期限勞動合同，是指用人單位與勞動者以書面形式約定合同終止時間的勞動合同；無固定期限勞動合同，是指用人單位與勞動者未以書面形式約定合同終止時間的勞動合同；以完成一定工作為期限的勞動合同，是指用人單位與勞動者以書面形式約定以某項工作的完成為合同終止條件的勞動合同。

已存在勞動關係，但是用人單位與勞動者未以書面形式訂立勞動合同的，除勞動者有其他意思表示外，視為用人單位與勞動者已訂立無固定期限勞動合同，並應當及時補辦訂立書面勞動合同的手續。

用人單位和勞動者對是否存在勞動關係有不同理解的，除有相反證明的以外，以有利於勞動者的理解為準。

問 題　試用期相關規定

法條來源

中華人民共和國勞動合同法（草案）－2006.03.20公佈版本

－2006.12.29公佈二審稿版本

相關法條

◉ 第十三條

勞動合同期限不足一年的，試用期不得超過一個月；勞動合同期限一年以上三年以下的，試用期不得超過兩個月，三年以上固定期限和無固定期限勞動合同，試用期不得超過六個月。勞動合同僅約定試用期或者勞動合同期限與試用期相同的，該期限為勞動合同期限。勞動者試用期的工資，不得低於同單位最低工資或者勞動合同約定工資的百分之八十。

各地方勞動合同規定-北京、上海、廣州

1.北京勞動合同規定

試用期中，除有證據證明勞動者不符錄用條件外，用人單位不得解除勞動合同。用人單位在試用期解除勞動合同的，應向勞動者說明理由。

問 題　訂立勞動合同的主體

法條來源

北京市勞動合同規定

相關法條

◉ 第二條

本市行政區域內的企業、個體工商戶及民辦非企業單位（以下統稱為用人單位）與勞動者建立勞動關系，應當依據本規定訂立勞動合同。

國家機關、事業單位、社會團體與勞動者建立勞動合同關系，依照本規定執行。

問題 對用人單位和勞動者的要求

法條來源

北京市勞動合同規定

相關法條

◉ 第九條

用人單位應當依法成立，能夠依法支付工資、繳納社會保險費、提供勞動保護條件，並能夠承擔相應的民事責任。

勞動者應當達到法定就業年齡，具有與履行勞動合同義務相適應的能力。

用人單位招用未成年人或者外地來京務工人員，應當符合國家和本市有關規定。

問題 用人單位和勞動者的義務

法條來源

北京市勞動合同規定

◉ 第十條

用人單位應當如實向勞動者說明崗位用人要求、工作內容、工作時間、勞動報酬、勞動條件、社會保險等情況；勞動者有權瞭解用人單位的有關情況，並應當如實向用人單位提供本人的身份証和學歷、就業狀況、工作經歷、職業技能等証明。

問 題　勞動合同訂立的形式

法條來源

北京市勞動合同規定

相關法條

◉ 第十一條

勞動合同應當以書面形式訂立。勞動合同一式兩份，雙方當事人各執一份。

問 題　勞動合同條款

法條來源

北京市勞動合同規定

相關法條

◉ 第十二條

勞動合同應當載明用人單位的名稱、地址和勞動者的姓名、性別、年齡等基本情況，並具備以下條款：

（一）勞動合同期限；

（二）工作內容；

（三）勞動保護和勞動條件；

（四）勞動報酬；

（五）社會保險；

（六）勞動紀律；

（七）勞動合同的終止條件；

（八）違反勞動合同的責任。

◉ 第十三條

除本規定第十二條規定的條款外，經當事人協商一致，還可以在勞動合同中約定下列內容：

（一）試用期；

（二）培訓；

（三）保守商業秘密；

（四）補充保險和福利待遇；

（五）其他事項。

問題 勞動合同的生效

法條來源

北京市勞動合同規定

相關法條

◉ 第二十條

訂立勞動合同可以約定生效時間。

沒有約定的，以當事人簽字或者蓋章的時間為生效時間。

當事人簽字或者蓋章時間不一致的，以最後一方簽字或者蓋章的時間為準。

◉ 第二十一條

用人單位的法定代表人（負責人）或者其書面委託的代理人代表用人單位與勞動者簽訂勞動合同。

勞動合同由雙方分別簽字或者蓋章，並加蓋用人單位印章。

問 題　違約責任

法條來源

北京市勞動合同規定

相關法條

◉ 第十九條

訂立勞動合同可以約定勞動者提前解除勞動合同的違約責任，勞動者向用人單位支付的違約金最多不得超過本人解除勞動合同前**12**個月的工資總額。但勞動者與用人單位協商一致解除勞動合同的除外。

2.上海勞動合同規定

問 題　勞動合同條款

法條來源

上海市勞動合同條款

相關法條

◉ 第十條

勞動合同應當具備以下條款：

一、勞動合同期限；

二、工作內容；

三、勞動保護和勞動條件；

四、勞動報酬；

五、勞動紀律；

六、勞動合同終止的條件；

七、違反勞動合同的責任。

勞動合同除前款規定的必備條款外,當事人可以協商約定其他內容。

問 題　勞動合同期限

法條來源

上海市勞動合同條款

相關法條

◉ 第十一條

勞動合同的期限分為有固定期限、無固定期限和以完成一定的工作為期限。

勞動合同期限由用人單位和勞動者協商確定。

◉ 第十二條

勞動合同自雙方當事人簽字之日起生效,當事人對生效的期限或者條件有約定的,從其約定。

問 題　試用期

法條來源

上海市勞動合同條款

相關法條

◉ 第十三條

勞動合同當事人可以約定試用期。勞動合同期限不滿六個月的,不得設試用期;滿六個月不滿一年的,試用期不得超過一個月;滿一年不滿三年的,試用期不得超過三個月;滿三年的,試用期不得超過六個月。

問 題　保密條款

法條來源

上海市勞動合同條款

相關法條

◉ 第十五條

勞動合同當事人可以在勞動合同中約定保密條款或者單獨簽訂保密協議。

商業秘密進入公知狀態後，保密條款、保密協議約定的內容自行失效。

對負有保守用人單位商業秘密義務的勞動者，勞動合同當事人可以就勞動者要求解除勞動合同的提前通知期在勞動合同或者保密協議中作出約定，但提前通知期不得超過六個月。

在此期間，用人單位可以採取相應的脫密措施。

◉ 第十六條

對負有保守用人單位商業秘密義務的勞動者，勞動合同當事人可以在勞動合同或者保密協議中約定競業限制條款，並約定在終止或者解除勞動合同後，給予勞動者經濟補償。

競業限制的範圍僅限於勞動者在離開用人單位一定期限內不得自營或者為他人經營與原用人單位有競爭的業務。

競業限制的期限由勞動合同當事人約定，最長不得超過三年，但法律、行政法規另有規定的除外。

勞動合同雙方當事人約定競業限制的，不得再約定解除勞動合同的提前通知期。

競業限制的約定不得違反法律、法規的規定。

問題　違約金

法條來源

上海市勞動合同條款

相關法條

◉ 第十七條

勞動合同對勞動者的違約行為設定違約金的，僅限於下列情形：

一、違反服務期約定的；

二、違反保守商業秘密約定的。

違約金數額應當遵循公平、合理的原則約定。

問題　勞動合同無效－上海地區

法條來源

上海市勞動合同條款

相關法條

◉ 第二十條

有下列情形之一的，勞動合同無效：

一、違反法律、行政法規的；

二、採取欺詐、威脅等手段訂立的。

無效的勞動合同，自訂立的時候起，就沒有法律約束力。

確認勞動合同部分無效的，如果不影響其餘部分的效力，其餘部分

仍然有效。

勞動合同的無效，由勞動爭議仲裁委員會或者人民法院確認。

3.廣州勞動合同規定

問題　關於訂立（續訂）勞動合同－定義－廣州地區

資料來源

《廣州市勞動合同管理規定》實施意見

相關意見

3.勞動者經用人單位考核符合招用條件並被招（聘）用的，在使用前用人單位應依法與勞動者本人訂立勞動合同，明確勞動合同的生效、終止時間（條件），並按有關規定辦理招（聘）用手續。

確因客觀原因未能及時辦理上述有關手續的，須自實際使用之日起30天內補辦各項手續。

用人單位不得同時與數名勞動者共同訂立一份勞動合同。

問題　對用人單位的要求－廣州地區

資料來源

《廣州市勞動合同管理規定》實施意見

相關意見

4.訂立勞動合同的用人單位包括：

（1）依法取得法人資格的國有、集體（含城鎮、鄉村集體）、外商獨資、中外合資、中外合作、私營及其他各種所有制企業，國家機關、事業單位和社會團體；

（2）依法登記領取營業執照的各類不具法人資格的企業、合夥組織和個體經濟組織；

（3）法人依法設立並領取營業執照的分支機構，以及其他依法設立、能夠承擔民事責任的組織等。

外國和港、澳、台企業（以下簡稱境外企業）駐穗機構，以及非本市企業（以下簡稱外地企業）在廣州地區設立的不具法人資格的辦事機構不得直接與勞動者訂立勞動合同。

其中：境外企業駐穗機構如需招（聘）用工作人員可委託本市經省政府批准的外企就業服務機構統一招聘並派遣，勞動合同由外企就業服務機構與其派遣的僱員訂立；外地企業駐穗辦事機構如需招（聘）用工作人員，可以由該企業依法委託其駐穗機構辦理有關錄用手續，並以本企業法人名義與勞動者依法訂立勞動合同。

問題　對勞動者的要求－廣州地區

資料來源

《廣州市勞動合同管理規定》實施意見

相關意見

5.訂立勞動合同的勞動者必須年滿16周歲、身體健康、初中畢業（對未成年工的使用按國家規定執行），並持有政府部門規定需要提供的國家訂可的學歷證明、職業資格證書等有關證件。

境外和台、港、澳地區的人員在穗就業，必須按規定報市勞動行政部門審批並申領《外國人就業許可證》或《港澳臺人員就業證》後，用人單位方可與之訂立勞動合同。用人單位招（聘）用非本市城鎮居民戶口人員，須查驗其《外出 就業登記卡》和《流動人員就業證》，並按規定報所隸屬的省、市或 區（縣級市）勞動行政部門審批後 ，方可與之訂立勞動合同。

問 題　承包類企業勞動合同的訂立與續訂－廣州地區

資料來源

《廣州市勞動合同管理規定》實施意見

相關意見

6.全部或部分承包經營的企業，其承包者不是法定代表人的，不得代表該企業直接與勞動者訂立勞動合同。

所招（聘）用的人員應與其具有法人資格的發包方訂立勞動合同。

但發包與承方雙方在就其人員的使用所訂立的勞動合同授權的前提下，承包者也可就有關具體問題與勞動者簽訂相應的協議。

問 題　就業服務機構－廣州地區

資料來源

《廣州市勞動合同管理規定》實施意見

相關意見

7.除國家、省、市政府另有規定外，勞動力仲介服務機構不得直接招（聘）用勞動者，不得以勞務承包方式分派勞動者到用人單位工作。

經市勞動行政部門專項批准的勞務承包單位，可作為用工主體與勞動者訂立勞動合同，建立勞動關係；再依據勞務承包合同向用人單位輸送勞動力。

其勞動合同的法律責任由勞務承包單位承擔。

經省政府批准的外企就業服務機構，可作為用工主體直接招（聘）用勞動者，並與之訂立勞動合同，建立勞動關係；再依據勞務服務

承包合同派往境外企業駐穗機構工作。其勞動合同的法律責任由外企就業服務機構承擔。

問 題　勞動關係改變的勞動訂立與續訂－廣州地區

資料來源

《廣州市勞動合同管理規定》實施意見

相關意見

9.由用人單位（以下統稱原單位）調動（調整）到聯營、中外合資（合作）經營等企業（以下統稱新單位）的原固定職工，或以借工方式到新單位元工作的原固定職工，應按以下規定與新單位訂立變更 或解除勞動合同：

（1）在原單位轉制前調動，調出後與新單位訂立勞動合同並建立勞動關係的，視為在新單位轉制。其按國家、省、市有關規定承認的連續工齡前後合計算為新單位的工作年限；

（2）在原單位轉制後調整工作單位，調整後勞動關係不轉移的，應與原單位協商變更勞動合同中工作崗位、勞動報酬相關條款，並在合同中明確在新單位工作期滿（或任務完成）後的工作安排等事項；雙方單位還應簽訂《勞務合同》。

此類人員在 新單位作期間可與新單位就有關具體問題簽訂協議，但協議的內容需經原單位在《勞務合同》中授權或協議簽訂後書面認可；

（3）在原單位轉制後調動工作單位，調動後勞動關係轉移的，應先與原單位解除勞動合同，並由原單位按規定發給經濟補償，再與新單位訂立勞動合同，建立勞動關係。原按國家、省、市有關規定承認的連續工齡，不合併計算為新單位工作年限。

問 題　企業領導人勞動關係的建立－廣州地區

資料來源

《廣州市勞動合同管理規定》實施意見

相關意見

10.由上級主管部門任命的企業領導人員（以下簡稱企業領導人），
均應按照《勞動法》的規定，與報在企業訂立勞動合同。

其中擔任企業黨、政、工正職的員工，應由與本企業有行政隸屬關
係的上一級經濟綜合管理部門的行政負責人代表該企業與其訂立勞
動合同，並加蓋本企業的法人印章；其他的企業領導人應按規定由
本企業的法定代表人與其訂立勞動合同，並加蓋本企業法人印章。

合同書一式四份，由企業、本人、上一級主管部門、勞動合同鑑證
機構各持一份。

企業領導人在訂立勞動合同時，應在勞動合同中明確約定其服從上
級主管部門因工作需要調動工作單位，或調整工作崗位的相差條
款。

問 題　訂立勞動合同的程式－廣州地區

資料來源

《廣州市勞動合同管理規定》實施意見

相關意見

11.訂立勞動合同，應使用由市勞動行政部門統一制定的勞動合同標
準文本。

確需自行擬定勞動合同文本的，啟用前須送有管轄權的市或區、縣

級市勞動行政部門審查並備案。

12.訂立勞動合同，應由用人單位的法定代表人和勞動者在勞動合同書上簽名，並加蓋用人單位法人印章（或勞動合同專用章）；用人單位的法定代表人也可委託本單位的其他人員代為簽名，但應依法出具由法定代表人簽署的《委託書》。雙方當事人應在勞動合同中約定該合同生效日期，但合同的生效日期不得早於合同的簽訂日期；凡沒有約定生效日期的，均以當事最後簽名（蓋章）之日為該合同的生效日期。

13.用人單位與勞動者依法訂立（續訂）勞動合同後，應一式三份送所屬的勞動行政部門鑑證。經鑑證確認勞動合同部分或全部不真實、不合法或內容不齊備的，雙方應在5日內重新協商修改或訂立，並再送勞動行政部門鑑證。

經鑑證的勞動合同，用人單位必須在鑑證後30日內交一份給勞動者本人。

 # 勞動合同變更

> **問 題** **勞動合同變更的原則**

法條來源

中華人民共和國勞動法

相關法條

◉─ 第十七條

訂立和變更勞動合同，應當遵循平等自願、協商一致的原則，不得

違反法律、行政法規的規定。

勞動合同依法訂立即具有法律的約束力，當事人必須履行勞動合同規定的義務。

法條來源

關於貫徹執行《中華人民共和國勞動法》若干問題的意見

相關法條

用人單位發生分立或合併後，分立或合併後的用人單位可以依照其實際情況與元用人單位的勞動者遵循平等自願，協商一致的原則變更原勞動合同。

問題　不同地區勞動合同變更的特殊情況－北京地區

法條來源

北京市勞動合同規定

相關法條

◉ 第二十五條

勞動合同當事人協商一致，可以變更勞動合同。

◉ 第二十六條

訂立勞動合同時所依據的法律、法規、規章、發生變化時，應當依法變更勞動合同的相關內容。

◉ 第二十七條

用人單位發生合併或者分立等情況，原勞動合同繼續有效，勞動合同由繼承權利義務的用人單位繼續履行。

用人單位變更名稱，應當變更勞動合同的用人單位名稱。

◉ 第二十八條

訂立勞動合同時所依據的客觀情況發生重大變化，致使勞動合同無法履行，當事人一方要求變更其相關內容的，應當將變更要求以書面形式送交另一方，另一方應當在15日內答覆，逾期不答覆的，視為不同意變更勞動合同。

問 題 不同地區勞動合同變更的特殊情況－上海地區

法條來源

上海市勞動合同條例

相關法條

◉ 第二十三條

變更勞動合同，應當經雙方當事協商一致，並採用書面形式。當事人協商不成的，勞動合同應當繼續履行，但法律、法規另有規定的除外。

◉ 第二十四條

用人單位合併、分立的，勞動合同由合併、分立後的用人單位繼續履行；經勞動合同當事人協商一致，勞動合同可以變更或者解除；當事人另有約定的，從其約定。

◉ 第二十五條

簽訂勞動合同的用人單位和實際使用勞動者的單位不一致的，用人單位可以與實際使用勞動者的單位約定，由實際使用勞動者的單位承擔或部分承擔對勞動者的義務。實際使用勞動者的單位未按照約定承擔對勞動者的義務的，用人單位應當承擔對勞動者的義務。

問題 不同地區勞動合同變更的特殊情況－廣州地區

法條來源

廣東省勞動合同管理規定

相關法條

◉ 第四條

勞動合同的訂立、變更、終止和解除，必須符合法律、法規和規章的規定。

◉ 第六條

勞動合同的訂立和變更，應當遵循平等自願、協商一致的原則，不得違反法律、法規和規章的規定。

勞動合同依法訂立即具有法律約束力，當事人必須履行勞動合同規定的義務。

問題 勞動合同變更

法條來源

中華人民共和國勞動合同法（草案）－2006.03.20公佈版本

相關法條

◉ 第二十九條

用人單位與勞動者協商一致，可以變更勞動合同約定的內容。

變更勞動合同，應當採用書面形式記載變更的內容，經用人單位和勞動者雙方簽字或者蓋章生效。

勞動合同效力

問 題　勞動合同有效

法條來源

中華人民共和國勞動法

相關法條

◉─第十七條

訂立和變更勞動合同，應當遵循平等自願、協商一致的原則，不得
違反法律、行政法規的規定。

勞動合同依法訂立即具有法律約束力，當事人必須履行勞動合同規
定的義務。

問 題　勞動合同無效

法條來源

中華人民共和國勞動法

相關法條

◉─第十八條

下列勞動合同無效：

（一）違反法律、行政法規的勞動合同；

（二）採取欺詐、威脅等手段訂立的勞動合同。

無效的勞動合同，從訂立的時候起，就沒有法律約束力。

確認勞動合同部份無效的，如果不影響其餘部份的效力，其餘部份仍然有效。

勞動合同的無效，由勞動爭議仲裁委員會或者人民法院確認。

法條來源

北京市勞動合同規定

相關法條

◉ 第二十二條

下列勞動合同無效：

（一）違反勞動法律、法規的；

（二）採取欺詐、脅迫等手段訂立的；

（三）內容顯失公平的；

（四）有關勞動報酬和勞動條件等標準低於集體合同規定的。

勞動合同的無效，由勞動爭議仲裁委員會或者人民法院確認。

無效的勞動合同，從訂立之時起，就沒有法律約束力。

確認部分無效的勞動合同，如果不影響其餘部分的效力，其餘部分仍然有效。

勞動合同被確認為無效，勞動者已履行勞動合同的，用人單位應當支付相應的勞動報酬，提供相應的待遇。

法條來源

上海市勞動合同規定

相關法條

◉ 第二十條

有下列情形之一的，勞動合同無效：

一、違反法律、行政法規的；

二、採取欺詐、威脅等手段訂立的。無效的勞動合同，自訂立的時

候起，就沒有法律約束力。

確認勞動合同部分無效的，如果不影響其餘部分的效力，其餘部分仍然有效。勞動合同的無效，由勞動爭議仲裁委員會或者人民法院確認。

法條來源

廣東省勞動合同規定

相關法條

◉- 第九條

有下列情況之一的，勞動合同無效。

（一）違反法律、法規的；

（二）當事人的意思表示不真實，或採取欺詐、脅迫等手段訂立的；

（三）損害國家、集體和社會利益的；

（四）限制或侵害當事人一方基本權利，合同條款顯失公平的。

◉- 第十條

無效勞動合同不受法律保護。

確認勞動合同部分無效的，如果不影響其餘部分的效力，其餘部分仍然有效。

無效勞動合同由勞動爭議仲裁委員會或人民法院確認。

四 勞動合同終止

問題 勞動合同終止條件

法條來源

中華人民共和國勞動法

相關法條

◉ 第二十三條

勞動合同期滿或者當事人約定的勞動合同終止條件出現，勞動合同即行終止。

資料來源

關於貫徹執行《中華人民共和國勞動法》若干問題的意見

相關意見

34.除勞動法第二十五條規定的情形外，勞動者在醫療期、孕期、產期和哺乳期內，勞動合同期限滿時，用人單位不得終止勞動合同，勞動合同的期限應自動延續至醫療期、孕期、產期和哺乳期期滿為止。

問題 勞動者與用人單位的義務

資料來源

關於實行勞動合同制度若干問題的通知

相關意見

15.在勞動者履行了有關義務終止、解除勞動合同時,用人單位應當出具終止、解除勞動合同證明書,作為該勞動者按規定享受失業保險待遇和失業登記、求職登記的憑證。證明書應寫明勞動合同期限、終止或解除的日期、所擔任的工作。

如果勞動者要求,用人單位可在證明中客觀地說明解除勞動合同的原因。

16.職工勞動合同期限屆滿,終止勞動合同後符合退休條件的,可以辦理退休手續,領取養老保險金;不符合退休條件的,應當到就業服務機構進行失業登記,按規定領取失業救濟金。

17.用人單位招用職工時應查驗終止、解除勞動合同證明,以及其他能證明該職工與任何用人單位不存在勞動關係的憑證,方可與其簽訂勞動合同。

問題　不同地區勞動終止的特殊規定－廣東

法條來源

廣東省勞動合同管理規定

相關法條

◉ 第四條

勞動合同的訂立、變更、終止和解除,必須符合法律、法規和規章的規定。

◉ 第二十七條

符合下列條件之一的,勞動合同即告終止:

(一)勞動合同期限屆滿的;

(二)勞動合同所約定的工作任務已經完成的;

（三）無固定期限勞動合同約定的終止合同條件出現的；

（四）企業關閉或依法宣告破產的；

（五）勞動爭議仲裁委員會裁決終止合同的；

（六）法律、法規、規章另有規定終止合同的；

◉ 第二十八條

勞動合同期限屆滿終止後，如確需留用，經雙方協商同意，可重新簽訂勞動合同。

問題　不同地區勞動終止的特殊規定－上海

法條來源

上海市勞動合同條例

相關法條

◉ 第三十七條

有下列情形之一的，勞動合同終止：

一、勞動合同期滿的；

二、當事人約定的勞動合同終止條件出現的；

三、用人單位破產、解散或者被撤銷的；

四、勞動者退休、退職、死亡的。

勞動合同當事人實際已不履行勞動合同滿三個月的，勞動合同可以終止。

勞動者患職業病、因工負傷，被確認為部分喪失勞動能力，用人單位按照規定支付傷殘就業補助金的，勞動合同可以終止。

◉ 第三十八條

勞動者患職業病或者因工負傷，被確認為完全或者大部分喪失勞動

能力的，用人單位不得終止勞動合同，但經勞動合同當事人協商一致，並且用人單位按照規定支付傷殘就業補助金的，勞動合同也可以終止。

◉ 第三十九條

勞動合同期滿或者當事人約定的勞動合同終止條件出現，勞動者有下列情形之一的，同時不屬於本條例第三十三條第二項、第三項、第四項規定的，勞動合同期限順延至下列情形消失：

一、患病或者負傷，在規定的醫療期內的；

二、女職工在孕期、產期、哺乳期內的；

三、法律、法規、規章規定的其他情形。

◉ 第四十條

應當訂立勞動合同而未訂立的，勞動者可以隨時終止勞動關係。

應當訂立勞動合同而未訂立的，用人單位提出終止勞動關係，應當提前三十日通知勞動者，但勞動者具有第三十九條規定情形之一的，勞動關係應當順延至該情形消失。

◉ 第四十一條

勞動合同解除或者終止，用人單位應當出具解除或者終止勞動合同關係的有效證明。

勞動者可以憑有效證明材料，直接辦理失業登記手續。

問題　不同地區勞動終止的特殊規定－北京

法條來源

北京市勞動合同規定

相關法條

◉- 第三十九條

符合下列條件之一的，勞動合同即行終止：

（一）勞動合同期限屆滿的；

（二）勞動合同約定的終止條件出現的；

（三）勞動者達到法定退休條件的；

（四）勞動者死亡或者被人民法院宣告失蹤、死亡的；

（五）用人單位依法破產、解散的。

◉- 第四十條

勞動合同期限屆滿前，用人單位應當提前30日將終止或者續訂勞動合同意向以書面形式通知勞動者，經協商辦理終止或者續訂勞動合同手續。

◉- 第四十一條

用人單位依據本規定第三十九條第（一）項、第（二）項、第（五）項規定終止勞動合同的，用人單位應當向勞動者出具終止勞動合同的書面證明，並辦理有關手續。

問 題　勞動合同的終止事由

法條來源

中華人民共和國勞動合同法（草案）－2006.03.20公佈版本

相關法條

◉- 第三十七條

有下列情形之一的，勞動合同終止：

(一)勞動合同期滿，或者勞動合同約定的終止條件出現的；

(二)勞動者已開始依法享受基本養老保險待遇的；

(三)勞動者死亡,或者被人民法院宣告死亡或者宣告失蹤的;

(四)用人單位歇業、解散的;

(五)用人單位被依法宣告破產、被吊銷營業執照或者被責令關閉的;

(六)法律、行政法規規定的其他情形。

被人民法院宣告死亡、宣告失蹤的勞動者重新出現,勞動合同期限未滿的,應當繼續履行;因情況變化確實無法履行的,勞動合同解除。

五 勞動合同解除

問題 勞動合同終定終止的延緩

法條來源

中華人民共和國勞動合同法(草案)－2006.03.20公佈版本

相關法條

◉ 第三十八條

勞動合同約定的終止條件已經出現,但是有本法第三十四條規定的情形之一,勞動者提出延緩終止勞動合同的,勞動合同應當續延至相應的情形消失時終止。

但是,法律、行政法規有其他規定的,從其規定。

問 題　用人單位解除勞動合同的情形

法條來源

中華人民共和國勞動法

相關法條

◉ 第二十五條

勞動者有下列情形之一的，用人單位可以解除勞動合同：

（一）在試用期間被證明不符合錄用條件的；

（二）嚴重違反勞動紀律或者用人單位規章制度的；

（三）嚴重失職，營私舞弊，對用人單位利益造成重大損害的；

（四）被依法追究刑事責任的。

◉ 第二十六條

有下列情形之一的，用人單位可以解除勞動合同，但是應當提前三十日以書面形式通知勞動者本人：

（一）勞動者患病或者非因工負傷，醫療期滿後，不能從事原工作也不能從事由用人單位另行安排的工作的；

（二）勞動者不能勝任工作，經過培訓或者調整工作崗位，仍不能勝任工作的；

（三）勞動合同訂立時所依據的客觀情況發生重大變化，致使原勞動合同無法履行，經當事人協商不能就變更勞動合同達成協定的。

◉ 第二十八條

用人單位依據本法第二十四條、第二十六條、第二十七條的規定解除勞動合同的，應當依照國家有關規定給予經濟補償。

問 題　用人單位不得解除勞動合同的情形

法條來源

中華人民共和國勞動法

相關法條

◉- 第二十九條

勞動者有下列情形之一的，用人單位不得依據本法第二十六條、第二十七條的規定解除勞動合同：

（一）患職業病或者因工負傷並被確認喪失或者部分喪失勞動能力的；

（二）患病或者負傷，在規定的醫療期內的；

（三）女職工在孕期、產期、哺乳期內的；

（四）法律、行政法規規定的其他情形。

◉- 第三十條

用人單位解除勞動合同，工會認為不適當的，有權提出意見。

如果用人單位違反法律、法規或者勞動合同，工會有權要求重新處理；勞動者申請仲裁或者提起訴訟的，工會應當依法給予支援和幫助。

問 題　勞動者解除勞動合同的情形

法條來源

中華人民共和國勞動法

相關法條

◉- 第三十一條

勞動者解除勞動合同，應當提前三十日以書面形式通知用人單位。

◉ 第三十二條

有下列情形之一的，勞動者可以隨時通知用人單位解除勞動合同：

（一）在試用期內的；

（二）用人單位以暴力、威脅或者非法限制人身自由的手段強迫勞動的；

（三）用人單位未按照勞動合同約定支付勞動報酬或者提供勞動條件的。

問題　勞動合同解除經濟補償

法條來源

違反和解除勞動合同的經濟補償辦法

相關法條

◉ 第二條

對勞動者的經濟補償金，由用人單位一次性發給。

◉ 第六條

勞動者患病或者非因工負傷，經勞動鑒定委員會確認不能從事原工作、與不能從事用人單位另行安排的工作而解除勞動合同的，用人單位應按其在本單位的工作年限，每滿一年發給相當於一個月工資的經濟補償金，同時還發給不低於六個月工資的醫療補助費。患重病和絕症的還應增加醫療補助費，患重病的增加部分不低於醫療補助費的百分之五十，患絕症的增加部分不低於醫療補助費的百分之百。

◉ 第七條

勞動者不能勝任工作，經過培訓或者調整工作崗位仍不能勝任工作，由用人單位解除勞動合同的，用人單位也應按其在本單位工作的年限，工作時間每滿一年，發給相當於一個月工資的經濟補償金，最多不超過十二個月。

◉ 第八條

勞動合同訂立時所依據的客觀情況發生重大變化，致使原勞動合同無法履行，經當事人協商不能就變更勞動合同達成協定，由用人單位解除勞動合同的，用人單位按勞動者在本單位的工作的年限，工作時間每滿一年發給相當於一個月工資的經濟補償金。

◉ 第九條

用人單位瀕臨破產進行法定整頓期間或者生產經營狀況發生嚴重困難，必須裁減人員的，用人單位按被裁減人員在本單位工作的年限支付經濟補償金。

在本單位工作的時間每滿一年，發給相當於一個月工資的經濟補償金。

◉ 第十條

用人單位解除勞動合同後，未按規定給予勞動者經提出變更或解除集體合同的要求。

經濟補償的，除全額發給經濟補償金外，還須按該經濟補償金數額的百分之五十支付額外經濟補償金。

◉ 第十一條

本辦法中經濟補償金的工資計算標準是指企業正常生產情況下勞動者解除合同前十二個月的月平均工資。

用人單位依據本辦法第六條、第八條、第九條解除勞動合同時，勞

動者的月平均工資低於企業月平均工資的，按企業月平均工資的標準支付。

問 題　北京地區勞動合同解除規定

法條來源

北京市勞動合同規定

相關法條

◉ 第二十九條

勞動合同當事人協商一致，可以解除勞動合同。

◉ 第三十條

勞動者有下列情形之一的，用人單位可以解除勞動合同：

（一）在試用期內被証明不符合錄用條件的；

（二）嚴重違反勞動紀律或者用人單位規章制度，按照用人單位規定或者勞動合同約定可以解除勞動合同的。但用人單位的規章制度與法律、法規、規章相抵觸的除外；

（三）嚴重失職、營私舞弊，對用人單位利益造成重大損害的；

（四）被依法追究刑事責任的。

◉ 第三十一條

有下列情形之一的，用人單位可以解除勞動合同，但應當提前30日以書面形式通知勞動者本人：

（一）勞動者患病或者非因工負傷，醫療期滿後不能從事原工作，也不能從事由用人單位另行安排的工作或者不符合國家和本市從事有關行業、工種崗位規定，用人單位無法另行安排工作的；

（二）勞動者不能勝任工作，經過培訓或者調整工作崗位，仍不能

勝任工作的；（三）勞動合同訂立時所依據的客觀情況發生重大變化，致使原勞動合同無法履行，經當事人協商不能就變更勞動合同達成協議的。

◉ 第三十二條

用人單位有下列情形之一，確需裁減人員的，應當提前30日向工會或者全體職工說明情況，聽取工會或者職工的意見，經向勞動和社會保障行政部門報告後，可以裁減人員：

（一）瀕臨破產進行法定整頓期間的；

（二）因防治工業污染源搬遷的；

（三）生產經營發生嚴重困難的。

用人單位依據前款規定裁減人員，在6個月內錄用人員的，應當優先錄用被裁減人員。

◉ 第三十三條

勞動者有下列情形之一的，用人單位不得依據本規定第三十一條、第三十二條規定解除勞動合同：

（一）患職業病或者因工負傷並被確認達到傷殘等級的；

（二）患病或者負傷，在規定的醫療期內的；

（三）女職工在孕期、產期、哺乳期內的；

（四）應征入伍，在義務服兵役期間的；

（五）復員、轉業退伍軍人退伍後初次參加工作未滿3年的；

（六）建設征地農轉工人員初次參加工作未滿3年的；

（七）在同一單位連續工作滿10年以上，且距法定退休年齡5年以內的；

（八）實行集體合同制度的企業，職工一方協商代表在勞動合同期限內自擔任代表之日起5年以內的；

（九）國家和本市規定的其他情形。

◉ 第三十四條

勞動者解除勞動合同，應當提前30日或者按照勞動合同約定的提前通知期，以書面形式通知用人單位。

勞動者給用人單位造成經濟損失尚未處理完畢或者未按照勞動合同約定承擔違約責任的，不得依據前款規定解除勞動合同。

◉ 第三十五條

有下列情形之一的，勞動者可以隨時通知用人單位解除勞動合同，用人單位應當支付勞動者相應的勞動報酬並依法繳納社會保險費：

（一）在試用期內的；

（二）用人單位以暴力、威脅或者非法限制人身自由的手段強迫勞動的；

（三）用人單位未按照勞動合同約定支付勞動報酬或者提供勞動條件的；

（四）用人單位未依法為勞動者繳納社會保險費的。

◉ 第三十六條

當事人依據本規定解除勞動合同的，用人單位應當向勞動者出具解除勞動合同的書面証明，並辦理有關手續。

◉ 第三十七條

勞動者違反提前30日或者約定的提前通知期要求與用人單位解除勞動合同的，用人單位可以不予辦理解除勞動合同手續。

◉ 第三十八條

用人單位依據本規定第二十九條、第三十一條、第三十二條規定解除勞動合同的，應當依照國家及本市有關規定給予勞動者經濟補償；依據本規定第三十一條第（一）項規定解除勞動合同的，還應當

依照國家及本市有關規定支付醫療補助費。

勞動者依據本規定第三十五條第（二）項規定解除勞動合同的，用人單位應當按照勞動者在本單位連續工作年限，每滿1年發給勞動者1個月工資的經濟補償金，工作年限不滿1年的按照1年計算。

經濟補償金按照本市上一年企業平均工資計算。

問題　上海地區勞動合同解除法律規定

法條來源

上海市勞動合同條例

相關法條

◉ 第二十九條

經勞動合同當事人協商一致，勞動合同可以解除。

◉ 第三十條

勞動者解除勞動合同，應當提前三十日以書面形式通知用人單位。

◉ 第三十一條

有下列情形之一的，勞動者可以隨時通知用人單位解除勞動合同。

一、在試用期內的；

二、用人單位以暴力、威脅或者非法限制人身自由的手段強迫勞動的；

三、用人單位未按照勞動合同約定支付勞動報酬或者提供勞動條件的。

◉ 第三十二條

有下列情形之一的，用人單位可以解除勞動合同，但是應當提前三十日以書面形式通知勞動者本人：

一、勞動者患病或者非因工負傷，醫療期滿後，不能從事原工作也不能從事由用人單位另行安排的工作的；

二、勞動者不能勝任工作，經過培訓或者調整工作崗位仍不能勝任工作的；

三、勞動合同訂立時所依據的客觀情況發生重大變化，致使原勞動合同無法履行，經當事人協商不能就變更勞動合同達成協定的。 用人單位解除合同未按規定提前三十日通知勞動者的，自通知之日起三十日內，用人單位應當對勞動者承擔勞動合同約定的義務。

● 第三十三條

勞動者有下列情形之一的，用人單位可以隨時解除勞動合同：

一、在試用期間被證明不符合錄用條件的；

二、嚴重違反勞動紀律或者用人單位規章制度的；

三、嚴重失職，營私舞弊，對用人單位利益造成重大損害的；

四、被依法追究刑事責任的；

五、法律、法規規定的其他情形。

● 第三十四條

勞動者有下列情形之一的，用人單位不得依據本條例第三十二條、第三十五條的規定解除勞動合同：

一、患職業病或者因工負傷並被確認喪失或者部分喪失勞動能力的；

二、患病或者負傷，在規定的醫療期內的；

三、女職工在孕期、產期、哺乳期內的；

四、法律、法規規定的其他情形。

● 第三十五條

用人單位確需依法裁減人員的，應當向工會或者全體職工說明情況，聽取意見。

用人單位的裁員方案應當在與工會或者職工代表協商採取補救措施的基礎上確定，並向勞動保障行政部門報告。

用人單位實施裁員方案，應當提前三十日通知工會和勞動者本人。

用人單位依據本條規定裁減人員，在六個月內錄用人員的，應當優先錄用被裁減的人員。

◉ 第三十六條

用人單位單方面解除職工勞動合同時，應當事先將理由通知工會，工會認為用人單位違反法律、法規和有關合同，要求重新研究處理時，用人單位應當研究工會的意見，並將處理結果書面通知工會。

◉ 第四十一條

勞動合同解除或者終止，用人單位應當出具解除或者終止勞動合同關係的有效證明。勞動者可以憑有效證明材料，直接辦理失業登記手續。

◉ 第四十二條

有下列情形之一的，用人單位應當根據勞動者在本單位工作年限，每滿一年給予勞動者本人一個月工資收入的經濟補償：

一、用人單位依據本條例第二十九條規定提出與勞動者解除勞動合同的；

二、勞動者依據本條例第三十一條第二項、第三項規定解除勞動合同的；

三、用人單位依據本條例第三十二條第一款第二項解除勞動合同的；

四、用人單位依據本條例第三十二條第一款第一項、第三項的規定解除勞動合同的；

五、用人單位依據本條例第三十五條規定解除勞動合同的；

六、用人單位依據本條例第三十七條第三項規定終止勞動合同的。

有前款第一項、第二項、第三項規定情形之一的，補償總額一般不超過勞動者十二個月的工資收入，但當事人約定超過的，從其約定。

◉ 第四十四條

用人單位根據本條例第三十二條第一款第一項的規定解除勞動合同的，除按規定給予經濟補償外，還應當給予不低於勞動者本人六個月工資收入的醫療補助費。

◉ 第四十五條

本條例第四十二條、第四十四條中的工資收入按勞動者解除或者終止勞動合同前十二個月的平均工資收入計算，勞動者月平均工資收入低於本市職工最低工資標準的，按本市職工最低工資標準計算。

本條例第四十二條中的本單位工作年限，滿六個月不滿一年的，按一年計算。

問 題　廣東地區勞動合同解除法律規定

法條來源

廣東省勞動合同管理規定

相關法條

◉ 第十八條

經勞動合同當事人協商一致，勞動合同可以解除。

◉ 第十九條

屬下列情況之一的，用人單位可以解除勞動合同：

（一）試用期內證明勞動者不符合錄用條件的；

（二）勞動者嚴重違反勞動紀律或用人單位規章制度的；

（三）嚴重失職、營私舞弊，對用人單位利益造成重大損害的；

（四）用人單位歇業、停業、依法宣告破產或瀕臨破產處於法定整頓期間的；

（五）勞動者患病或非因工負傷，醫療期滿後不能從事原工作，也不能從事由用人單位另行安排的工作的；

（六）因生產經營、技術條件發生變化，經勞動行政部門確認，用人單位無法調劑安置的富餘人員(冗員)；

（七）勞動合同所約定的解除勞動合同條件出現的。

◉ 第二十條

企業解除勞動合同應當徵求本企業工會的意見。

◉ 第二十一條

用人單位瀕臨破產進行法定整頓期間或者生產經營狀況發生嚴重困難，確需裁減人員的，應當提前30日向工會或全體職工說明情況，聽取工會或者職工的意見，經向勞動行政部門報告後，可以裁減人員。

用人單位依據本條規定裁減人員，在6個月內需錄用人員的，應當優先錄用被裁減的人員。

◉ 第二十二條

用人單位依據本規定第十八條、第十九條第（四）、（五）、（六）、（七）項以及第二十一條的規定解除勞動合同的，應當按國家有關規定給予勞動者經濟補償。

◉ 第二十三條

屬下列情況之一的，勞動者可以解除勞動合同：

（一）在試用期內的；

（二）經國家有關部門確認，用人單位勞動安全衛生條件惡劣，嚴重危害勞動者身體健康的；

（三）用人單位不履行勞動合同約定條款，或者違反法律、法規和規章，侵害勞動者合法權益的；

（四）用人單位不按勞動合同規定支付勞動報酬，克扣或無故拖欠工資的；

（五）經用人單位同意，自費考入中等專業以上學校學習的；

（六）符合國家和我省有關規定，轉移工作單位的；

（七）勞動者出國自費留學、出境定居的；

（八）法律、法規和規章規定勞動者可以解除勞動合同的。

● 第二十四條

勞動者被開除、除名、辭退、勞動教養以及被判刑的，勞動合同自行解除。

● 第二十五條

屬下列情況之一的，用人單位不得解除勞動合同：

（一）勞動合同期限未滿，又不符合第十八條、第十九條、第二十一條規定的；

（二）勞動者患病或非因工負傷，在規定的醫療期內或者醫療期雖滿但經縣級以上醫院確認仍在住院治療的；

（三）勞動者患有職業病或因工負傷，並經勞動鑑定委員會確認，喪失或部分喪失勞動能力的；

（四）女職工在孕期、產期、哺乳期間的（國家另有特別規定的除外）；

（五）勞動者在享受法定休假、探親假期間的。

● 第二十六條

任何一方解除勞動合同（本規定第十九條第（一）、（二）、（三）項，第二十三條第（二）、（三）、（四）項除外），必須提前30

日以書面形式通知對方。

用人單位未能提前30日通知勞動者的，應當支付該勞動者當年1個月的月平均工資的補償金。

問題 勞動合同符合雙方協商解除情形的經濟補償

法條來源

中華人民共和國勞動合同法（草案）－2006.03.20公佈版本

相關法條

◉ 第二十六條

用人單位合併的，勞動合同應當由合併後承繼其權利義務的用人單位繼續履行，或者經商勞動者同意，由合併前的用人單位與勞動者解除勞動合同，同時由合併後承繼其權利義務的用人單位與勞動者重新訂立勞動合同。

用人單位分立的，勞動合同應當由分立後的用人單位按照分立協定劃分的權利義務繼續履行，或者經商勞動者同意，由分立前的用人單位與勞動者解除勞動合同，同時由分立後的用人單位與勞動者重新訂立勞動合同。

◉ 第三十條

用人單位與勞動者協商一致，可以解除勞動合同。

問題 用人單位解除勞動合同

法條來源

中華人民共和國勞動合同法（草案）－2006.03.20公佈版本

西進大陸不冒險！

相關法條

◉ 第三十一條

勞動者有下列情形之一的，用人單位可以解除勞動合同：

(一)在試用期間被證明不符合錄用條件的；

(二)嚴重違反用人單位的規章制度，按照用人單位的規章制度應當解除勞動合同的；

(三)嚴重失職，營私舞弊，給用人單位的利益造成重大損害的；

(四)勞動者同時與其他用人單位建立勞動關係，對完成工作任務造成嚴重影響，經用人單位提出，拒不改正的；

(五)被依法追究刑事責任的。

◉ 第三十二條

有下列情形之一的，用人單位在提前30日以書面形式通知勞動者本人或者額外支付勞動者1個月工資後，可以解除無固定期限勞動合同：

(一)勞動者患病或者非因工負傷，在規定的醫療期滿後不能從事原工作，且未能就變更勞動合同與用人單位協商一致的；

(二)勞動者被證明不能勝任工作，經過培訓或者調整工作崗位，仍不能勝任工作的；

(三)勞動合同訂立時所依據的客觀情況發生重大變化，致使勞動合同無法履行，經用人單位與勞動者協商，未能就變更勞動合同內容或者中止勞動合同達成協議的。

◉ 第三十三條

勞動合同訂立時所依據的客觀情況發生重大變化，致使勞動合同無法履行，需要裁減人員50人以上的，用人單位應當向本單位工會或者全體職工說明情況，並與工會或者職工代表協商一致。

裁減人員時，應當優先留用在本單位工作時間較長、與本單位訂立

較長期限的有固定期限勞動合同以及訂立無固定期限勞動合同的勞動者。

用人單位依照前款規定裁減人員後，應當將被裁減人員的數量、名單通報所在地縣級人民政府勞動保障主管部門。

用人單位在6個月內重新招用人員的，應當優先招用被裁減的人員。

◉ 第三十四條

勞動者有下列情形之一的，用人單位不得依照本法第三十二條、第三十三條的規定解除勞動合同：

(一)患職業病或者因工負傷並被確認喪失或者部分喪失勞動能力的；

(二)患病或者負傷，在規定的醫療期內的；

(三)女職工在孕期、產期、哺乳期的；

(四)正在擔任平等協商代表的；

(五)法律、行政法規規定的其他情形。

◉ 第三十五條

用人單位解除勞動合同，應當事先通知工會。

工會認為不適當的，有權提出意見。用人單位違反法律、行政法規規定或者勞動合同約定的，工會有權要求用人單位糾正。

用人單位應當研究工會的意見，並將處理結果書面通知工會。

勞動者申請勞動仲裁或者提起訴訟的，工會應當給予支持和幫助。

問題　勞動者解除勞動合同

法條來源

中華人民共和國勞動合同法（草案）－2006.03.20公佈版本

相關法條

◉ 第三十六條

勞動者提前30日以書面形式通知用人單位，可以解除勞動合同。

但是，有下列情形之一的，勞動者可以隨時通知用人單位解除勞動合同：

(一)在試用期內的；

(二)用人單位未按照勞動合同約定提供勞動條件，未提供合格的安全生產條件的；

(三)用人單位未按時足額支付勞動報酬的；

(四)用人單位未依法為勞動者繳納社會保險費的；

(五)用人單位的規章制度違反法律、行政法規的規定，損害勞動者權益的；

(六)法律、行政法規規定的其他情形。

用人單位以暴力、威脅或者非法限制人身自由的手段強迫勞動者勞動的，或者用人單位違章指揮、強令冒險作業危及勞動者人身安全的，勞動者可以立即解除勞動合同，無需通知用人單位。

集體勞動合同及其效力

問 題	集體合同的定義

法條來源

集體合同規定（2003年12月30日經勞動和社會保障部第7次部務會議通過，現予公佈，自2004年5月1日起施行。）

相關法條

◉ 第三條

本規定所稱集體合同,是指用人單位與本單位職工根據法律、法規、規章的規定,就勞動報酬、工作時間、休息休假、勞動安全衛生、職業培訓、保險福利等事項,通過集體協商簽訂的書面協議;所稱專項集體合同,是指用人單位與本單位職工根據法律、法規、規章的規定,就集體協商的某項內容簽訂的專項書面協議。

問 題 | 訂立集體合同的方式

法條來源

集體合同規定(2003年12月30日經勞動和社會保障部第7次部務會議通過,現予公佈,自2004年5月1日起施行。)

相關法條

◉ 第四條

用人單位與本單位職工簽訂集體合同或專項集體合同,以及確定相關事宜,應當採取集體協商的方式。集體協商主要採取協商會議的形式。

◉ 第五條

進行集體協商,簽訂集體合同或專項集體合同,應當遵循下列原則:

(一)遵守法律、法規、規章及國家有關規定;

(二)相互尊重,平等協商;

(三)誠實守信,公平合作;

(四)兼顧雙方合法權益;

(五)不得採取過激行為。

問 題　集體合同的內容

法條來源

集體合同規定

（2003年12月30日經勞動和社會保障部第7次部務會議通過，現予公佈，自2004年5月1日起施行。）

相關法條

◉ 第八條

集體協商雙方可以就下列多項或某項內容進行集體協商，簽訂集體合同或專項集體合同：

（一）勞動報酬；

（二）工作時間；

（三）休息休假；

（四）勞動安全與衛生；

（五）補充保險和福利；

（六）女職工和未成年工特殊保護；

（七）職業技能培訓；

（八）勞動合同管理；

（九）獎懲；

（十）裁員；

（十一）集體合同期限；

（十二）變更、解除集體合同的程式；

（十三）履行集體合同發生爭議時的協商處理辦法；

（十四）違反集體合同的責任；

（十五）雙方認為應當協商的其他內容。

問 題　集體合同的訂立、變更、解除和終止

法條來源

集體合同規定

（2003年12月30日經勞動和社會保障部第7次部務會議通過，現予公佈，自2004年5月1日起施行。）

相關法條

◉ 第三十六條

經雙方協商代表協商一致的集體合同草案或專項集體合同草案應當提交職工代表大會或者全體職工討論。

職工代表大會或者全體職工討論集體合同草案或專項集體合同草案，應當有三分之二以上職工代表或者職工出席，且須經全體職工代表半數以上或者全體職工半數以上同意，集體合同草案或專項集體合同草案方獲通過。

◉ 第三十七條

集體合同草案或專項集體合同草案經職工代表大會或者職工大會通過後，由集體協商雙方首席代表簽字。

◉ 第三十八條

集體合同或專項集體合同期限一般為1至3年，期滿或雙方約定的終止條件出現，即行終止。

集體合同或專項集體合同期滿前3個月內，任何一方均可向對方提出重新簽訂或續訂的要求。

◉ 第三十九條

雙方協商代表協商一致，可以變更或解除集體合同或專項集體合同。

◉ 第四十條

有下列情形之一的，可以變更或解除集體合同或專項集體合同：

（一）用人單位因被兼併、解散、破產等原因，致使集體合同或專項集體合同無法履行的；

（二）因不可抗力等原因致使集體合同或專項集體合同無法履行或部分無法履行的；

（三）集體合同或專項集體合同約定的變更或解除條件出現的；

（四）法律、法規、規章規定的其他情形。

◉ 第四十一條

變更或解除集體合同或專項集體合同適用本規定的集體協商程式。

問 題　集體合同審查

法條來源

集體合同規定

（2003年12月30日經勞動和社會保障部第7次部務會議通過，現予公佈，自2004年5月1日起施行。）

相關法條

◉ 第四十二條

集體合同或專項集體合同簽訂或變更後，應當自雙方首席代表簽字之日起10日內，由用人單位元元一方將文本一式三份報送勞動保障行政部門審查。勞動保障行政部門對報送的集體合同或專項集體合同應當辦理登記手續。

◉ 第四十三條

集體合同或專項集體合同審查實行屬地管轄，具體管轄範圍由省級

勞動保障行政部門規定。中央管轄的企業以及跨省、自治區、直轄市的用人單位的集體合同應當報送勞動保障部或勞動保障部指定的省級勞動保障行政部門。

● 第四十四條

勞動保障行政部門應當對報送的集體合同或專項集體合同的下列事項進行合法性審查：

（一）集體協商雙方的主體資格是否符合法律、法規和規章規定；

（二）集體協商程式是否違反法律、法規、規章規定；

（三）集體合同或專項集體合同內容是否與國家規定相抵觸。

● 第四十五條

勞動保障行政部門對集體合同或專項集體合同有異議的，應當自收到文本之日起15日內將《審查意見書》送達雙方協商代表。

《審查意見書》應當載明以下內容：

（一）集體合同或專項集體合同當事人雙方的名稱、地址；

（二）勞動保障行政部門收到集體合同或專項集體合同的時間；

（三）審查意見；

（四）作出審查意見的時間。《審查意見書》應當加蓋勞動保障行政部門印章。

● 第四十六條

用人單位與本單位職工就勞動保障行政部門提出異議的事項經集體協商重新簽訂集體合同或專項集體合同的，用人單位一方應當根據本規定第四十二條的規定將文本報送勞動保障行政部門審查。

● 第四十七條

勞動保障行政部門自收到到文本之日起15日內未提出異議的，集體合同或專項集體合同即行生效。

◉ 第四十八條

生效的集體合同或專項集體合同，應當自其生效之日起由協商代表
及時以適當的形式向本方全體人員公佈。

問 題　集體協商爭議的協調處理

法條來源

集體合同規定

（2003年12月30日經勞動和社會保障部第7次部務會議通過，現予
公佈，自2004年5月1日起施行。）

相關法條

◉ 第四十九條

集體協商過程中發生爭議，雙方當事人不能協商解決的，當事人一
方或雙方可以書面向勞動保障行政部門提出協調處理申請；未提出
申請的，勞動保障行政部門認為必要時也可以進行協調處理。

◉ 第五十條

勞動保障行政部門應當組織同級工會和企業組織等三方面的人員，
共同協調處理集體協商爭議。

◉ 第五十一條

集體協商爭議處理實行屬地管轄，具體管轄範圍由省級勞動保障行
政部門規定。

中央管轄的企業以及跨省、自治區、直轄市用人單位因集體協商發
生的爭議，由勞動保障部指定的省級勞動保障行政部門組織同級工
會和企業組織等三方面的人員協調處理，必要時，勞動保障部也可
以組織有關方面協調處理。

◉- 第五十二條

協調處理集體協商爭議，應當自受理協調處理申請之日起30日內結束協調處理工作。

期滿未結束的，可以適當延長協調期限，但延長期限不得超過15日。

◉- 第五十三條

協調處理集體協商爭議應當按照以下程式進行：

（一）受理協調處理申請；

（二）調查瞭解爭議的情況；

（三）研究制定協調處理爭議的方案；

（四）對爭議進行協調處理；

（五）製作《協調處理協議書》。

◉- 第五十四條

《協調處理協議書》應當載明協調處理申請、爭議的事實和協調結果，雙方當事人就某些協商事項不能達成一致的，應將繼續協商的有關事項予以載明。

《協調處理協議書》由集體協商爭議協調處理人員和爭議雙方首席代表簽字蓋章後生效。

爭議雙方均應遵守生效後的《協調處理協議書》。

熱・點・評・說

▶勞動合同的問題點

1.常見的無效勞動合同

（1）口頭約定的勞動合同

　　個別外資企業、私營企業和集體企業出於自身利益需要，在招聘時故意不和求職者訂立勞動合同，僅做一些簡單的口頭約定。由於求職者大多極為珍惜這一就業機會，一般不敢對此提出或堅持簽訂勞動合同。如此，一旦出現糾紛，求職者權益就將受到損害。勞動法第十九條明確規定：「勞動合同應當以書面形式訂立……」，因此口頭約定合同在大陸是沒有任何法律效力的。

（2）顯失公平的合同

　　部份用人單位與勞動者訂立的勞動合同，其約定條款明顯傾向用人單位一方，此種情形目前相當普遍，應引起求職者的重視。求職者在訂立勞動合同時，一定要逐條審查，對一些不合理、顯失公平的內容應堅決拒絕。

（3）脅迫的合同

　　一些用人單位招工時，強迫勞動者繳納巨額集資款、風險金、並脅迫勞動者與其訂立所謂的自願交納協議書，企圖以書面協議掩蓋其行為違法性。勞動法第十七條規定，訂立勞動合同，應當遵循平等自願，協商一致的原則，不得違反法律、行政法規的規定。

2.企業分立合併後需要變更勞動合同嗎？

　　企業分立是指一個企業分立成兩個或是兩個以上的企業；企業合

併是指兩個或是兩個以上的企業聯合組成一個企業或一個企業兼併另一個或一個以上的企業。企業分立或合併前的用人單位的權利義務應由分立或合併後的單位享有或承擔。

允許變更勞動合同的條件是：企業轉產、調整生產任務、客觀情況發生變化等。企業的分立或合併屬於客觀情形發生了變化，若這一變化只使原勞動合同無法履行，依據原勞動部《關於貫徹執行＜中華人民共和國勞動法＞若干問題的意見》規定：用人單位發生分立或合併後，分立或合併後的用人單位可依據其實際情況與原用人單位的勞動者遵循平等自願、協商一致的員則變更勞動合同。

企業可依法向勞動者提出變更合同的建議，並說明變更的理由和內容，經雙方協商同意後，書面變更勞動合同的相關內容。在這個過程中，雙方權利、義務的調整不得違反法律、行政法規的規定，企業應當按照國家有關規定確定勞動者的工資、獎金、保險福利待遇等，不得損害勞動者的合法權益。

▶ 試用期的約定和利用

企業對於新招聘的員工，在訂定勞動合同時可以約定試用期，這對於保護勞動權益十分重要。因為按照<<勞動法>>的規定，勞動者在試用期間被證明不符合錄用條件的，企業可以隨時解除勞動合同，且不用支付解除勞動合同的經濟補償金。

所謂試用期，又可稱適應期或考察期，是指用人單位和勞動者在建立勞動關係後，相互瞭解、選擇而約定的不超過六個月的時間。從企業一方看，勞動合同中約定試用期，可以考察勞動者是否符合錄用條件，其技術水準、業務能力、身體狀況等能否適應生產崗位和所從

事的勞動，能否勝任所擔負的工作，其思想品質、組織紀律等能否達到要求。在試用期內，企業一但發現或經過評估，勞動者不符合錄用條件，便可立即解除勞動合同，且不承擔任何法律責任。可見，在勞動合同中約定試用期和利用試用期來保護企業的勞動權益，應成為企業勞動權益保護的一個重要內容。

從實踐中看，企業利用試用期保護勞動權益，主要應注意以下幾個問題。

勞動合同中應約定試用期

《勞動法》規定，勞動合同可以約定試用期。約定試用期不是強制性規範，也不是勞動合同成立的必備要件，而是選擇性條款，勞動合同中約定試用期或不約定試用期都不影響勞動合同的效力。但由於試用期的特殊作用以及法律賦予勞動關係雙方在試用期間的權利，企業在與勞動者訂立勞動合同時，除規定不得約定試用期外，一般應當約定試用期，以利於保護企業的勞動權益。特別是有助於保證企業招聘到高素質的勞動力。同時，一但發現新招聘的員工難以勝任工作或身體有某種缺陷，可立即解除合同。

試用期應依法約定

企業利用試用期保護勞動權益的前提條件是試用期的約定必須符合法律、法規的規定。<<勞動法>>對勞動合同中約定試用期規定為不超過六個月，這並不意味著不管勞動合同期限長短都可以約定六個月的試用期。<<勞動部關於實行勞動合同制度若干問題的通知>>（勞部發[1996] 354號）對勞動合同中約定試用期做出了更加明確的規定。綜合起來，企業在勞動合同中約定試用期應執行以下規定：

（1）試用期應由企業與勞動者雙方協商約定，不得由一方強制約定。

（2）試用期最長不得超過六個月。

（3）試用期的具體期限按勞動合同期限的長短確定：勞動合同期限在六個月（半年）以下的，試用期不得超過十五天；勞動合同期限在半年以上一年以下的，試用期不得超過三十天；勞動合同在一年以上兩年以下的，試用期不得超過六十天。

（4）試用期包括在勞動合同期限內，企業不得在勞動合同期限外約定試用期，或者對勞動者先試用後簽勞動合同。

（5）試用期適用於初次就業或再次就業時改變崗位或工種的勞動者，對工作崗位沒有變化的勞動者只能試用一次。

（6）續訂勞動合同時，勞動者改變工種的，可以重新約定試用期；不改變工種的，不得再約定試用期。地方法規規定不得約定試用期的，續定合同時不得約定試用期。

（7）非全日制用工，勞動合同不得約定試用期。

（8）地方法規對試用期另有規定的，應執行地方法規的規定。例如，《上海市勞動合同條例》規定，勞動合同期限不滿六個月的不得設試用期；滿六個月不滿一年的，試用期不得超過一個月；滿一年不滿兩年的，試用期不得超過三個月，滿三年的，試用期不超過六個月。

（9）試用期不得單方延長。如果企業在勞動合同中約定的試用期不符合規定，超過規定的試用期間不具有法律效力，在規定的試用期以外行使權利，則該權利無效，企業也就不能利用試用期來保護勞動權益。

制訂具體明確的錄用條件

按照《勞動法》的規定，勞動者在試用期間被證明不符合錄用條件的，企業可以隨時解除勞動合同。由於這一規定把企業在試用期可以隨時解除勞動者勞動合同的條件和權利限定在勞動者被證明不符合

錄用條件上，因此，不僅錄用條件至關重要，而且解除勞動合同時，勞動者不符合錄用條件的證明也必不可少。在錄用條件問題上，企業應把握兩點：其一、招聘員工時必須制定錄用條件，且錄用條件應全面、具體、明確，具有可衡量性。例如，業務技術水準的具體標準，身體條件中的身高、視力、聽力，不適宜工作崗位的疾病等。不能用標準不清的語言，如具有一定業務技術能力、身體健康這樣的表述。其次，要對勞動者在試用期間的各種情形進行記錄，在試用期滿前進行工作能力評估和身體檢查，如欲解除合同就要取得認定勞動者不符合錄用條件的證據。如果沒有能夠證明員工不符合錄用條件的有效證據或與錄用條件無關，則不能以不符合錄用條件為由解除勞動合同。

解除勞動合同應在試用期滿前實施

按照《勞動部辦公廳對<關於如何確定試用期內不符合錄用條件可以解除勞動合同的請示〉的復函》（勞辦發[1995] 16號）的規定，對試用期不符合錄用條件的勞動者，企業可以解除勞動合同；若超過試用期，則企業不能以試用期內不符合錄用條件為由解除勞動合同。據此，企業對在試用期限內被證明不符合錄用條件的勞動者解除勞動合同，必須把握住時間界線，一定要在試用期滿前就做出解除勞動合同的決定，並辦理相關手續。例如，員工勞動合同中約定的試用期為三月五日至四月五日，如果企業認為員工試用期不符合錄用條件，且有客觀證據，則必須在四月五日前做出解除勞動合同的決定，並將通知書送達員工，不能拖延至試用期滿以後才做出決定，否則，便喪失了利用試用期保護勞動權益的權利。

勞動者在試用期間企業不應出資培訓

這主要有兩方面的原因：一方面，試用期間企業對試用者處在考

察階段，企業沒有真正瞭解員工，對其思想品質、業務素質並不能完全瞭解，勞動關係在一種不確定狀態，雖然簽訂了勞動合同，但雙方都存在隨時解除勞動合同的可能性。企業在這個時候出資培訓，一但發現勞動者不符合錄用條件，就等於浪費了資金。另一方面，按照《勞動部辦公廳關於試用期內解除勞動合同處理依據問題的復函》（勞辦發[1995] 264號）的規定，用人單位出資（有支付貨幣憑證的情況）對職工進行各類技術培訓，職工提出與單位解除勞動關係的，如果在試用期內，則用人單位不得要求勞動者支付該項培訓費用。這就明確地告訴企業，若企業在試用期內出資對勞動者進行技術培訓，勞動者一但與企業解除勞動合同，企業為其所支付的培訓費不能得到退還，將會人財兩空，從而損失權益。

勞動者在試用期工資不宜過高

既然是試用期，勞動者的技術業務能力還有待考察，因此，不能直接與工資掛鉤。按照勞動部《對〈工資支付暫行規定〉有關問題的補充規定》（勞部發[1995] 226號）和《勞動部關於貫徹執行〈中華人民共和國勞動法〉若干問題的意見》（勞部發[1995] 309號）的規定，勞動者在試用期間工資待遇由用人單位自主確定。但在試用期內，勞動者在法定工作期間內提供了正常勞動，則所在用人單位應當支付其不低於最低工資標準的工資。據此，對於在試用期間的勞動者，企業只要支付其不低於最低工資標準的工資就屬合法，不宜支付過高的工資報酬。當然，要根據員工不同的工作崗位、職務、資歷等分別確定具體金額，然後在勞動合同中約定。當勞動者試用期滿後，根據其業務技術水準和工作表現，確定相對應的工資標準。

勞動者在試用期患精神病應及時解除合同

按照《勞動部辦公廳關於精神病患者可否解除勞動合同的復函》

（勞辦發[1994] 214號）的規定，勞動者患精神病，如果在試用期內發現，因其不符合錄用條件，企業可以解除勞動合同；如果已超過試用期，應當給予一定的醫療期。因此，對於在試用期內發現勞動者患有精神病時，企業可以以其不符合錄用條件為理由，當即解除勞動合同，不要拖延至試用期滿後再做處理。因為，試用期滿後要適用醫療期的規定。按照醫療期的規定，至少應給予勞動者三個月的醫療期，三個月按六個月累計計算。這樣，企業對於患精神病的勞動者，在其不能提供正常勞動的情況下，還要支付至少六個月的疾病津貼。即使醫療期滿後，經提前三十日解除勞動合同時，企業還要支付經濟補償金。

▶勞動合動期限的確定

勞動合同期限，即勞動合同的有效時間，是勞動合同在法律上的時效概念，也是勞動合同存在的一種標誌。它既是勞動合同制度的外在表現型式，又是勞動合同制度發揮整體功能和顯示生命力的重要內部條件。勞動合同期限決定企業和勞動者勞動關係存續的時間，勞動合同期限確定不科學、不合理給企業帶來的損害，有些是顯而易見的，更多是隱性的，所以沒有引起經營者和管理者足夠的注意。在實踐中，如何合理確定勞動合同的期限，對於保護企業的勞動權益是一個不容忽視的問題。

勞動合同期限的類型

按照《勞動法》第二十條的規定，勞動合同的期限分為有固定期限、無固定期限和以完成一定工作為期限三種類型。

（1）有固定期限的勞動合同又叫定期勞動合同，指當事人雙方所訂

立的勞動合同規定了具體明確的起始和終止日期。如一份勞動合同約定自2000年1月1日開始，至2005年12月31日終止，期限五年，就是有固定期限的勞動合同。有固定期限的勞動合同適用範圍廣，既能保持勞動關係的相對穩定，又方便勞動力合理流動，是企業選擇較多的一種合同類型。

（2）無固定期限的勞動合同又叫不定期勞動合同或沒有一定期限的勞動合同，指當事人雙方所訂立的勞動合同沒有規定具體明確的有效時間，一般只在勞動合同中約定合同開始日期，而不約定終止日期，即無明確的終止時間。訂立無固定期限的勞動合同，由於合同沒有終止時間，勞動者可以長期在企業工作。這種合同適用於工作保密性強、技術複雜、生產工作又需長期保持人員穩定的崗位。這種類型的合同對企業來說，有利於維護經濟利益，減少頻繁更換關鍵崗位的關鍵人員帶來的損失。

（3）以完成一定的工作為期限的勞動合同，是指當事人雙方把完成某一項工作或工程，確定為勞動合同的有效時間，此項工作或工程開始之日即為勞動合同的起始日期，此項工作或工程結束之日即為勞動合同的終止日期。這種類型的勞動合同實際上也是有固定期限的勞動合同的一種特殊表現型式，它與有固定期限勞動合同的區別在於，這種合同不直接在合同書中約定合同的開始和終止日期，而是以工作或工程的實際起始和終止日期來確定合同的有效時間。它是一種事後約定勞動合同期限的方式。由於任何一項工作或工程，雖事前難以準確確定完成時間，但總是有日期的，所以說這種合同屬於有固定期限的勞動合同。對於難於確定工作時間的生產經營項目，最適合選擇這種類型的勞動合同。

確定勞動合同期限的原則

　　勞動合同制度實施以來，絕大多數企業在勞動合同期限確定上是沒有什麼依據的，而是盲目的、隨意的，主要有兩種傾向：一是勞動合同期限類型單一。一些企業要嘛與所有員工都訂立無固定期限的勞動合同，要嘛與所有員工只訂立有固定期限的勞動合同。二是有固定期限的勞動合同期限千篇一律，全體員工都是一年、二年或三年，合同期滿後又通通續訂一年，往後類推。

　　由於勞動合同期限確定上存在上述兩種傾向，從而給企業帶來了兩方面的問題：一方面，全體員工都訂立無固定期限的勞動合同或有固定期限的勞動合同，期限千篇一律，且時間太長，如都是五年以上，造成勞動力長期不流動，阻礙優勝劣汰的競爭機制發揮作用，人力資本負擔加重，影響企業活力；另一方面，只訂立有固定期限的勞動合同，且合同期限短，如都是一年，造成勞動力不穩定，當合同期滿後有一定數量的勞動者不續訂合同，新員工接替不上，影響企業生產經營。這兩方面的問題，實際上都在不同程度上損害企業的權益。因此，企業勞動權益保護需要科學合理地確定勞動合同期限。

企業確定勞動合同期限應遵循三條基本原則：

（1）有利於企業生產經營，兼顧勞動者利益

　　這是企業確定勞動合同期限的基本方針。企業應當按照生產經營規劃對勞動力使用進行安排，根據勞動力使用計畫對勞動合同期限類型做出選定，對於每一個員工，訂立的勞動合同是有固定期限還是無固定期限，有固定期限的勞動合同期限為幾年，都要與生產經營規劃中勞動力使用情形緊密掛鉤，使勞動合同期限服從於企業生產經營的實際需要和長遠發展。同時，要兼顧勞動者利益。這樣，才能在勞動合同期限的確定上把企業和勞動者融為一體，經平等協商建立勞動關係。

（2）對三種類型的勞動合同合理配置

《勞動法》規定的三種期限類型的勞動合同，都有其特定的優越性，企業在勞動合同序列中，既要對一部分員工訂立無固定期限的勞動合同，又要對一部分員工訂立有固定期限的勞動合同，如果適宜採用以完成一定工作為期限的勞動合同，則應訂立以完成一定工作為期限的勞動合同。不同期限類型的勞動合同的人數比例可依據企業實際情況確定。

（3）長期、中期、短期勞動合同並用

對於僅訂立有固定期限的勞動合同而言，合同期限不要千篇一律，而應長期（如十年以上）、中期（如三至五年）、短期（如一年以下）結合，遞次配備，形成複式格局。因為在企業中，生產經營是通過不同的工種、崗位及諸多具體環節聯繫起來的，每一個崗位、工種對勞動力的需求和技能水準要求又不同，有的工種、崗位需要勞動力長期穩定，有的工種、崗位則不宜把一個勞動者長期固定下來。因此，對於每一個新招聘的員工，應依據企業勞動崗位的不同，確定不同的勞動合同期限。這樣，使企業的勞動力既能保持相對穩定，又可以促進勞動力合理有序流動，也便於對勞動力結構按照企業的發展適時進行重新組合和調整，從而真正發揮勞動合同期限動力機制的作用。

確定勞動合同期限時應考慮的員工因素

企業在與勞動者訂立勞動合同、確定合同期限時，對勞動者應考慮四個方面的因素：

（1）勞動者的年齡因素

年齡是勞動者從業的基本條件，確定勞動合同期限應當符合勞動者法定勞動年齡的期限。現行國家法律、法規規定，勞動者的法定勞動年齡一般為男18至60周歲，女職員18至55周歲，女工人50周歲。

企業與勞動者簽訂勞動合同時，勞動合同的期限不能超過勞動者法定退休年齡，避免出現勞動者已到退休年齡而勞動合同還未到終止日期的現象。如企業與一名46周歲的女性勞動者訂立有固定期限的勞動合同時，若工作崗位是工人崗位，合同期限就不能確定為五年或更長時間。

（2）勞動者的因素

　　企業對於招聘的人員在確定勞動合同期限時，應當區分勞動者身體的強弱情況，並且把勞動合同期限同勞動者從事勞動的強度結合起來考慮，避免把身體較弱的勞動者安排從事繁重體力勞動崗位，且勞動合同期限很長，造成勞動者履行勞動合同困難，給雙方造成損失。

（3）勞動者的性別因素

　　男女在生理、心理、性格等方面都有一定的差異。企業與勞動者確定勞動合同期限時，對同一工種、同一崗位，應適當考慮性別。如果一崗位是重體力勞動崗位，若同時聘用男女勞動者，則女性勞動合同期限應為短期。

（4）勞動者的專業技術因素

　　確定勞動合同期限時，要把勞動者的專業技術和勞動者所從事的崗位的實際情況結合起來安排，防止出現不合理、不對口現象。一般來說，企業的勞動崗位和勞動者專業技術對口，勞動者又希望自己的職業穩定，企業也需要這方面的技術人才，勞動合同最好確定為無固定期限，如果確定為有固定期限，勞動合同期限應以中、長期為宜。如果勞動者的專業技術與企業的勞動崗位不對口，而雙方目前又都希望訂立合同，勞動者要解決就業，企業一時也找不到對口的技術人才，則應訂立較短期限的定期勞動合同，以利於以後雙方進行合理的選擇或調整。

▶勞動合同中協商條款的約定

企業勞動權益保護，合同制約是關鍵。《勞動法》對勞動合同的必備條款做出了明確規定，但這些必備條款並不能涵蓋勞動權利義務的全部內容。且這些必備條款多半都是保護勞動者權益的。因此，訂立勞動合同時，除法定必備條款外，協商約定其他條款對於企業保護勞動權益十分重要。在約定協商條款時，除已規定的保護商業秘密、培訓費用等內容之外，企業可以根據生產經營的特點，著重考慮以下內容。

約定勞動合同終止的條款

由於《勞動法》規定的可以解除勞動合同的條件是向保護勞動者一方傾斜的，對用人單位有一定的限制存在。因此，在勞動合同中約定終止條件，從保護用人單位勞動權益來說，不僅是必要的，而且是至關重要的。但是，絕大多數用人單位的勞動合同中沒有約定勞動合同的終止條件，從而使用人單位對一些不符合法定解除條件、又無法繼續使用的職工束手無策，因而背負沉重的包袱，有的甚至不惜支付高額費用協商解除勞動合同；有的約定了終止條件，但由於不合法、不合理的原因，不具有效力，同樣損害了用人單位的勞動權益。從實踐看，用人單位與職工約定終止勞動合同條件應注意以下幾點。

（1）約定終止條件應是法定解除條件之外的條件

所謂法定解除條件之外的條件，是指法律、法規規定的可以解除勞動合同的條件，只要符合這些條件，用人單位就可以依法解除勞動合同。既然這些條件可以解除勞動合同，就無必要作為中止勞動合同的條件來約定。對此，《勞動部關於貫徹執行<中華人民共和國勞動法>若干問題的意見》（勞部發[1995] 309號）明確規定，無固定期

限的勞動合同不得將法定解除條件約定為終止條件，從而防止用人單位規避應承擔的解除勞動合同時給付勞動者經濟補償的義務。

（2）約定的終止條件應當是除時間之外的某種事件或某種行為

在任何情況下，時間都不能作為約定勞動合同中止的條件。勞動合同中止的條件只能是時間以外的發生在用人單位和勞動者本人的某種事件或某種行為。對用人單位來說，主要是生產經營過程中出現某種事件，如生產線報廢；對職工來說，主要是個人的某種行為，如出國定居，考上大學，或在社會上打架鬥毆，經批評教育不改，其劣跡反覆出現等。

（3）約定的終止條件必須是合同生效前尚未出現的客觀情況

如果是勞動合同生效前就已經出現的事件或行為，就不能作為勞動合同的終止條件。此處所說的客觀情況，是指用人單位和勞動者事先都不能確定的情況，是自然出現的，不是人為製造的，即可以預見到的，但不能是事先預謀的。所以，用人單位不能在勞動合同中把本單位主觀製造的條件約定為合同終止條件，例如機構合併、人事調整等。

（4）約定終止條件要充分考慮生產經營的特點

用人單位約定勞動合同終止條件，目的是要在這種條件出現時終止合同。因此，必須充分考慮本單位的生產經營特點，因為不同性質的生產單位在勞動合同履行過程中遇到的具體情況是不同的。如果把本單位生產經營中根本不可能遇到的情況約定為勞動合同終止的條件，約定條款根本出現不了，約定的終止條件就出現了意義。

（5）約定終止條件要兼顧到合同當事人雙方的情況

由於在履行勞動合同過程中，用人單位和職工都可能出現某些客觀情況，導致用人單位不願意繼續履行合同，而又不能解除合同，因

此，用人單位既要把本單位生產經營過程中可能出現的某種情況約定為終止勞動合同的條件，也要把職工在履行勞動合同過程中可能出現的某種行為約定為勞動合同終止條件。

從保護企業勞動權益的角度考慮，可以從企業和員工兩方面設定一些勞動合同終止的條件，其中設定的任何一方終止條件出現，有權終止合同的一方即可提出終止勞動合同。現舉幾例如下：

案例1

企業與勞動者訂立勞動合同、建立勞動關係，目的是要使用勞動者的勞動力，完成生產經營任務。可是，勞動合同訂立後，有的員工三天兩頭請事假，不能正常履行勞動義務，影響企業的生產經營，而員工請事假並非違反勞動紀律，也不屬於患病或不能勝任本職工作，不符合解除勞動合同的條件，但不處理又嚴重影響企業的生產經營，在這種情況下，企業可考慮將此情形做為終止勞動合同條件在勞動合同中約定，一但員工符合這種條件，勞動合同即可終止。條款可表述為：『乙方（員工）一年內因私事請假累計超過三個月，且本人又不能保證不再出現此類問題，使甲方（企業）正常的生產經營秩序受到影響，並於第二年度第一個月因私事請假超過三天的，勞動合同終止。』

案例2

在企業聘用的部門管理人員、技術人員中，有的業務能力不差，工作業績尚佳，也沒有違紀問題，但是其性格和工作作風與其他員工不合，多數員工都不肯與其合作，甚至表示出離職傾向。對於這種情況，企業無法繼續使用該員工，但又不能解除勞動合同，因此，針對

　　這類問題，可以考慮約定為勞動合同終止條件，一但這種情形出現，勞動合同即可終止。條件可表述為：『乙方（員工）履行職責期間，經績效評估或年度工作總結或員工民主評論，有一半以上員工表示不肯繼續接受其領導或與其共事，使其履行職責出現危機的，勞動合同終止。』

案例3

　　有的員工在社會上有偷竊行為或其他不良劣跡，但又不構成犯罪和治安處罰，也不屬於勞動紀律約束的範圍，其行為不僅在員工之中影響很大，也有損企業在社會上的聲響。這種情形，企業又不能解除勞動合同，對此，可事先協商將此種情形約定為勞動合同終止條件。該條件既體現教育，又體現懲罰，可表述為：『乙方（員工）在工作時間以外，偷竊他人財物，散佈流言蜚語，傳播封建迷信，實施家庭暴力或有其他不文明、不道德行為，經有關部門批評教育後再犯的，勞動合同終止。』

約定員工提前解除勞動合同賠償損失的條款

　　按照《勞動法》的規定，勞動者提前30天書面通知用人單位，可以解除勞動合同。這是法律賦予勞動者的權利，企業無法阻止。但是，勞動者享有的此項權利並不能取代其違約而應承擔的責任。對此，一般企業只看到原則約定要承擔責任，而沒有細化的內容，當發生這種情況時，對保護企業勞動權益有一定影響。因此，勞動合同中應對員工提前解除勞動合同的違約責任做出明確約定，例如，賠償的具體辦法、賠償哪些損失、賠償的標準等。這樣約定，既可以遏止員工隨意跳槽，又能夠防止員工跳槽給企業帶來的損失。

約定工作時間制度調整的條款

員工執行標準工作時間制度，還是不定時工作時間制度，一般在勞動合同中都有約定，這種約定基本上都是根據勞動合同訂立時確定的員工的工作崗位(職務)性質或特點決定的。但在履行勞動合同過程中，員工的工作崗位(職務)變動後，企業往往忽視了通過變更合同對工作時間進行調整，由此產生加班加點及其工資支付的爭議。因此，對於員工工作時間制度，企業應在勞動合同中做出隨崗位(職務)變化而相應調整的約定。該條款具體可表述為：『乙方(員工)崗位(職務)根據本合同或甲乙雙方協商發生變化後，乙方的工作時間制度隨變化後的崗位(職務)的性質、特點而調整。』

約定員工應服從企業安排加班加點工作的條款

《勞動法》規定，企業由於生產經營需要，可以延長勞動者工作時間，但前提條件是要與工會或勞動者協商。如果經協商，勞動者不同意加班加點，則企業不能強制。一般情況下，企業因生產經營需要安排員工加班加點，員工都能接受，但也有些員工不管企業的具體情況，只要是加班就一概拒絕，使企業生產經營無法順利進行。因此，在訂立勞動合同時應當約定，企業確因生產經營需要，在法定標準時間外安排員工加班加點時，員工無特殊情況(如疾病等)，應服從企業安排。這樣，可以避免因加班加點與員工協商不成的麻煩。

約定企業調整員工工資標準的條款

在勞動合同中，企業一般都會約定員工工資的標準、工資發放時間和發放辦法。而關於工資調整的條款卻很少約定。這樣，當企業經濟效益不好或員工表現不好、業績欠佳時，企業若降低工資，員工則以未變更勞動合同為由狀告企業，而只要員工告狀，企業大多會敗訴，原因是企業違反勞動合同。因此，企業與員工訂立勞動合同時，在

工資報酬內容中，應約定企業有權根據經濟效益和員工的工作表現，調整其工資標準。該條款可以表述為：『乙方(員工)同意，當甲方(企業)經濟效益下降或遇有不可抗拒的經營風險時，甲方(企業)有權對本合同約定的乙方(員工)的工資標準作適當調整。』另外，勞動合同中對降低工資、減發工資、停發工資、扣發工資等進行約定，當然，約定此類條款的同時，應對員工的工作表現制定客觀的衡量標準，不能由企業主觀決定。

約定企業調整員工崗位的權利

員工的工作崗位，一般在勞動合同工作內容條款中明確約定。一但約定，企業要變更就需要與員工協商一致變更合同，員工不同意變更，企業則不能變更。對於因協商變更不能達成一致意見而解除合同法律又作出了一定的限制，企業還要支付員工經濟補償金。因此，在訂立勞動合同時，企業應針對崗位變更與員工約定協商條款，確定企業在某些條件下的員工崗位變更權。特別是對於有錯誤或有嚴重缺點的員工。例如，當員工工作表現一般、業績欠佳或在本質崗位不能與其他員工很好地合作，影響到生產經營時，企業有權對其崗位進行調整。這樣，就可以避免調整工作表現一般員工的工作崗位，必須協商一致變更合同遇到的阻力和麻煩。

約定員工有義務服從崗位或職務以外企業安排的工作

企業在生產經營過程中，經常會遇到一些難以預見的事情，在這種情況下安排員工工作時，有的員工藉口此項工作不屬勞動合同約定的本人崗位、職務範圍，不接受企業安排的工作或要求企業額外支付較高的勞動報酬，使企業感到非常為難，常常為此損失了應有的利益。因此，在訂立勞動合同時，應約定員工有義務接受和完成企業在生產經營需要或因其他原因而臨時安排的工作，從而用合同條款

的方式把企業安排員工完成值則以外臨時工作任務的權利確定下來。在約定這類條款時，應限定在生產經營的特別需要，且合理合法，並不得給員工規定不合理的指標，增加員工的額外負擔。

約定員工使用企業設備的抵押條款

因業務需要，企業為一些員工配備諸如筆記本電腦、移動電話或其他一些貴重設備，有的員工離職時拒不交還或有意將設備損壞，給企業造成一定損失。為防止員工以上不良行為，在訂立勞動合同時，凡使用企業貴重設備的員工，應約定員工向企業交納一定的抵押金條款，具體金額可根據員工使用設備的不同而簽訂押金協議。同時約定，員工在期限內不交還設備或故意損壞設備賠償損失的內容。

約定員工離職時反還企業財物的條款

有的員工離職時，對於在職期間保管或使用的屬於企業的物品，如筆記型電腦、行動電話、計算器等據為己有，企業對此束手無策。如果在勞動合同中約定財物返還條款，員工不交回物品則屬於為反勞動合同的行為，企業可以按照違約追究員工的相關責任。此條款可以表述為：『無論何種原因，乙方（員工）自甲方（企業）離職前10日內，必須交還任職期間所保管或使用的甲方（企業）之一切財產和物品，逾期不交回，每拖一日按所保管或使用物品價值的20％收取滯留金。若有遺失或損毀，需按照原價賠償甲方（企業）。』

另外，不少企業都為單身員工提供住房，這是企業為員工設立的一項福利，目的是為了解決企業員工生活上的困難，員工與企業解除或是終止勞動關係後，已經不屬於該企業的員工，已無權享受該企業的福利，理應交回原住房，但是一些員工就是不交回。對此，企業可以在訂立勞動合同時與員工就離職後交回住房作出約定若員工離職後不交回住房，屬於為反勞動合同的行為，企業可以按履行勞動合同的

糾紛來妥善處理，從而保護自己的勞動權益。

約定延長員工服務期限的條款

對於由企業出資進行培訓的員工，為了防止該員工培訓結束後因勞動合同期限屆滿而終止合同，企業得不到回報，使權益受損，應當在訂立勞動合同時，協商約定延長服務期限的條款。該條款具體可以表述為：『乙方（員工）由甲方（企業）出資培訓，培訓結束後乙方需要為甲方（企業）服務X年，服務期間未滿而本合同期滿的，本合同期限延續至服務期滿。』有的企業不在勞動合同中作出這樣的約定，只在培訓協議中約定，由於培訓協議不是建立勞動關係的憑證，員工會以勞動合同期間屆滿，已不是企業員工，無義務再履行培訓協議為由而自企業離職。實際上，培訓協議無權對勞動關係作出約定，只有在勞動合同中作出約定，才能有效保護企業的勞動權益。

約定員工不得在外兼職的條款

除法律、法規規定允許員工兼職的情況外，員工不得在外兼職。但事實上企業中常有實行不定時工作制的員工在外兼職，因而影響對本職工作不專心、不努力，且由於疲勞，回單位工作時發生工傷事故。因此，企業應在勞動合同中明確規定，員工不得在外兼職，用以約束員工的行為。若員工違反合同規定，則以違約進行處理，從而做到不會因員工在外兼職而損害企業的勞動權益。

▶ 勞動合同中不能埋下敗訴的隱患

　　企業在與勞動者簽訂勞動合同時，一般都是由企業起草好勞動合同本文，且本文都是格式化。在合同中，企業設定了一些有利於自己的條款，總認為這些條款能透保護企業的勞動權益，一經員工簽字，就會緊緊套住員工讓員工無條件服從。然而在實際履行合同中往往事與願違，員工不按合同約定執行，堅持自己的意見，當雙方發生爭議後，一般都是企業敗訴。究其原因，就是因為訂立勞動合同時，這些條款對勞動關係雙方不具有約束力，因此，雖然在合同中作出了約定，但是不起任何作用，因此埋下了敗訴的隱患。這些條款不僅不能保護企業的勞動權益，到頭來卻讓企業的權益受到了損害。企業要保護勞動權益，就不能在訂立勞動合同時埋下敗訴的隱患。實踐中，最常見的帶隱患的條款有以下幾個方面：

（一）甲方（企業）有根據生產經營需要調整乙方（員工）的工作崗位

　　員工的工作崗位是企業與員工訂立勞動合同時協商約定的，若要調整崗位，需變更勞動合同。對於變更勞動合同，《勞動法》明確規定要經合同雙方平等協商一致。而企業在勞動合同中設立的這一條款賦予了企業單方變更勞動合同的權利，顯然違反了平等協商一致的原則。生產經營需要，這是一個無法界定的理由，他實際上是企業的一個無限自由權，企業說需要就是需要，完全排除了勞動者的需要。所

以這一條款所給予企業隨意調整員工工作崗位的權利在某種意義上士對員工勞動權益的侵犯。如果真的是企業生產經營需要，企業提出變更勞動合同，又不損害勞動者權益，勞動者會與企業配合。況且，按照有關規定，勞動者不勝任本職工作時，企業調整期工作崗位的條款是無效的。

（二）乙方（員工）為反勞動紀律或操作規程，發生傷亡事故，責任自負

這一條款所說的責任自負，實際上是說員工在生產工作過程中，因不遵守勞動紀律或是操作規程，導致發生事故的，企業不予認定工傷，不按工傷對待，不負擔其工傷待遇。按照《工傷保險條例》的規定員工有三種情形之一的，不能認定為工傷或者視同工傷：一是因犯罪或者違反治安管理傷亡的；二是酗酒導致傷亡的；三是自殘或者自殺的。員工在生產工作中負傷或致殘，凡不屬於工傷保險條例規定的不能認定工傷的情形外，都應認定為工傷。員工違反勞動紀律或操作規程，企業可視情節輕重給予必要的紀律處罰，但這不能影響員工享受工傷待遇的權利。勞動合同中約定的這種工傷責任自負條款，雖然是經過勞工本人同意並簽字，但因為違反法律規定，屬於無效條款。

（三）甲方（企業）有權根據生產經營需要延長乙方（員工）的工作時間，乙方不同意視為曠工

按照《勞動法》的規定，企業因生產工作需要，可以延長工作時間，但應與員工協商，取得員工同意。如果員工不同意，則企業無權強制員工加班加點。因此，在勞動合同裡約定，員工不同意企業安排的加班加點，視為曠工的條款是違法的。況且，加班加點本來就是正常法定工作時間以外的勞動，員工不參加，不存在曠工問題。

《勞動部關於＜企業職工獎懲條例＞有關條款解釋問題的復函》對曠工的解釋是，除有不可抗力的因素影響，職工無法履行請假手續的情況外，職工不按規定履行請假手續，又不按時上下班缺勤行為。這顯然是與員工不同意加班加點是有原則區別的。因此，把員工不願意加班加點視為曠工行為，不符合法律規定。

（四）在試用期內，甲（企業）乙（員工）雙方均可以隨時提出解除勞動合同

這一條款從文字上對企業和員工雙方都是公正的，但他卻是違法的。他對勞動者一方有效，對企業則是無效的。對於試用期內解除勞動合同，《勞動法》對勞動者和企業規定的解除權是不同的，對勞動者無任何條件限制，而對企業則規定了明確的條件，即勞動者被證明不符合錄用條件的。這就是說，在試用期間，勞動者無論何種理由條件時才能解除勞動合同，並非只要是試用期內企業就可以隨意解除勞動合同。這就告訴企業，雖然勞動合同約定試用期內合同雙方都可以隨時解除合同，但如果企業解除合同，必須有證據證明勞動者不符合錄用條件，並以此作理由解除勞動合同方為有效。

（五）在任何情況下，乙方（員工）提出辭職，甲方（企業）不支付經濟補償金

這一條款根本不能起到保護企業勞動權益的作用，若企業真正按這種條款執行，到頭來很可能不僅要支付經濟補償金，還要支付額外補償金。根據現行法律規定，在正常情況下，由勞動者提出解除勞動合同的，企業可以不支付其經濟補償金。但是由於企業的原因，使勞動者提出辭職的則例外。《最高人民法院關於審理勞動爭議案件適用法律若干問題的解釋》第15條規定，用人單位有下列情形之一，迫使勞動者提供解除勞動合同，用人單位應當支付勞動者報酬

和經濟補償，並可支付賠償金：

（1）以暴力、威脅或者非法限制人身自由的手段強迫勞動的；

（2）未按照勞動合同約定支付勞動報酬或者提供勞動條件的；

（3）克扣或者無故拖欠勞動者工資的；

（4）拒不支付勞動者延長工作時間工資報酬的；

（5）低於當地最低工資標準支付勞動者工資的

如果屬於上述情形之一，僅管勞動者主動提出辭職，企業還是要支付解除勞動合同的賠償金，若不支付，員工起訴，企業不僅要按規定支付補償金，而且由於未按規定支付，還要負擔額外經濟補償金的責任。何況，打官司還要交付訴訟費、律師代理費，並花費企業的人力和精力。

（六）甲方（企業）從乙方（員工）每月工資中扣除一定比例做為年終獎金，並視甲方經濟效益情況來決定是否向乙方（員工）發放這一條款的約定，實際上是企業把無故克扣員工工資的違法行為合同化，他和其他敗訴隱患條款一樣，不具有合同的法律效力。他是用文字戰術來欺騙勞工，如果年終獎金以經濟效益不好為由不發放獎金，員工為此而申請仲裁或向法院起訴，企業肯定敗訴。理由是，所扣除的員工工資本來就是員工應該得到的勞動報酬，企業沒有任何理由用實際上已經是員工自己獲得的工資來獎勵員工，把每月工資的一部份扣下來，當作是年終獎金發放給員工，仍然是屬於員工自己的工資。而如果不發，員工不是得不到獎金，而是損失了應得的工資。另外，做為員工工資的一部份，每月扣下來，這和企業效益沒有任何關係，怎麼能說視企業經濟效益情況來決定是否發放呢？因此說，勞動合同中約定的這一條款，無論從哪個角度看，都是不合法的！

案例1 協商一致解除勞動合同也要支付經濟補償金

【案情】

　　李某是某公司職工，2003年3月與公司簽訂了為期5年的的勞動合同，2004年3月，公司更換了主要負責人，新負責人以李某不適合工作為由，要求與李某解除勞動合同，李某不同意。公司便採取了增加李某勞動強度，減少李某獎金收入等辦法予以刁難。李某在不堪忍受的情況下，提出如果公司提出解除勞動合同，他本人可以簽字同意。但公司堅持讓李某自己先寫"辭職報告"，然後由公司批准。李某堅決不同意這樣做，但公司許諾：如李某照辦，公司可以給予李某一筆比較豐厚的生活補助，還可以按照勞動法有關規定支付解除勞動合同的經濟補償金。在這樣的情況下，李某於2005年7月向公司遞交了"辭職報告"，立即被公司批准，但此後的生活補助和經濟補償金卻毫無蹤影。李某找公司索要，公司拿出李某的"辭職報告"說，生活補助是單位對被辭退人員的撫恤，根據勞動法規定，經濟補償金在用人單位提出解除勞動合同時才支付，李某是自動辭職，沒有上述兩項待遇。李某非常氣憤，向勞動爭議仲裁委員會提出申訴，並提供了公司要求他遞交"辭職報告"的證據。勞動爭議仲裁委員會經審理，裁決公司支付李某三個月工資的經濟補償金，仲裁費用由公司承擔。

【評析】

　　本案關鍵是李某提交的"辭職報告"是自願還是被迫的，如果沒有相應證據，是不易證明的。本案的李某掌握並提供了相應證據，從而使這一案件得到處理。勞動合同簽訂後，經協商可以解除，解除勞動合同一般都會涉及經濟補償金問題，即使是雙方協商一致

也要支付經濟補償金，這是勞動合同與民事合同一個很大區別。《勞動法》第24條規定：「經勞動合同當事人協商一致，勞動合同可以解除」。第28條：「用人單位依據本法第24條、第26條、第27條的規定解除勞動合同的，應當依照國家有關規定給予經濟補償。」勞動部《違反和解除勞動合同的經濟補償辦法》（勞部發〔1994〕481號）第五條規定：“經過勞動合同當事人協商一致，由用人單位解除勞動合同的，用人單位應根據勞動者在本單位工作年限，每滿一年發給相當於一個月工資的經濟補償金，最多不超過十二個月。工作不滿一年的按一年的標準發給經濟補償金”。根據上述規定，解除勞動合同，如果是用人單位提出的，必須要依法支付勞動者經濟補償金，如果是勞動者主動提出的，則沒有相應規定。本案中，本來是公司希望並促使解除勞動合同，卻採取種種刁難和欺騙手段，誘使勞動者提出“辭職”，顯然是在規避法律規定，從而避免支付經濟補償金的責任。但是由於李某掌握了公司強迫和誘騙自己遞交“辭職報告”的證據，從而使本案的事實得以澄清。在被強迫和欺騙情況下，勞動者作出的意思表示不能認為是真實的，解除勞動合同的責任應由公司承擔。至於支付經濟補償金的數額，李某工作了2年零4個月，2年以外的4個月，按一年計算，依據是勞動部辦公廳《關於對解除勞動合同經濟補償問題的復函》（勞辦發〔1997〕98號）的規定，即“關於對《違反和解除勞動合同的經濟補償辦法》（勞部發〔1994〕481號）第五條中的「工作時間不滿一年的按一年的標準發給經濟補償金」的理解問題。這裏的「工作時間不滿一年」是指兩種情形，第一種是指職工在本單位的工作時間不滿一年；第二種是職工在本單位的工作時間超過一年但餘下的工作時間不滿一年的。計發經濟補償金時對上述不滿一年的工作時間都按工作一年的標準

計算」。仲裁委員會根據上述規定，裁決公司向李某支付三個月工資的經濟補償金是有法律依據的。

強迫和誘騙自己遞交「辭職報告」的證據，從而使本案的事實得以澄清。在被強迫和欺騙情況下，勞動者作出的意思表示不能認為是真實的，解除勞動合同的責任應由公司承擔。至於支付經濟補償金的數額，李某工作了2年零4個月，2年以外的4個月，按一年計算，依據是勞動部辦公廳《關於對解除勞動合同經濟補償問題的復函》（勞辦發〔1997〕98號）的規定，即「關於對《違反和解除勞動合同的經濟補償辦法》（勞部發〔1994〕481號）第五條中的「工作時間不滿一年的按一年的標準發給經濟補償金」的理解問題。這裏的「工作時間不滿一年；是指兩種情形，第一種是指職工在本單位的工作時間不滿一年；第二種是職工在本單位的工作時間超過一年但餘下的工作時間不滿一年的。計發經濟補償金時對上述不滿一年的工作時間都按工作一年的標準計算」。仲裁委員會根據上述規定，裁決公司向李某支付三個月工資的經濟補償金是有法律依據的。

案例2 勞動者持假文憑與用人單位簽訂勞動合同致使勞動合同無效案

【案情】

原告訴稱：被告葉偉以欺詐的手段，使原、被告簽訂了聘用合同，要求確認原、被告訂立的合同無效；不同意支付被告經濟補償金。

被告辯稱：原告在招聘時已經瞭解我。雙方約定月薪為2000元。現同意與原告解除合同，但原告應補付工資1000元；並支付提前解除合同的經濟補償金2000元及替代通知期工資2000元。

一審情況：

上海市盧灣區人民法院經公開審理查明：1999年8月，聚和公司通過上海市職業介紹中心舉辦的招聘活動，聘得持有上海財經大學（工商行政管理專業）文憑的葉偉為公司銷售經理，雙方於1999年8月12日簽訂聘用合同，合同約定銷售經理的月薪為2000元。2002年2月29日，聚和通知葉偉自2000年3月1日起解除合同。嗣後葉偉領取聚和公司支付的2000年2月份的工資1000元。2000年3月8日葉偉向上海市盧灣區勞動爭議仲裁委申訴。該委裁決：聚和公司應支付葉偉2月份工資1000元。聚和公司不服。

上海市盧灣區人民法院根據上述事實和證據認為：葉偉持偽造的文憑致使聚和公司與其訂立聘用合同。葉偉稱聚和公司明知其無文憑而聘用其，缺乏事實依據。

雖然雙方所訂立的合同無效，但葉偉在聚和公司作為銷售經理，已經付出了勞動。聚和公司任意調整葉偉工資，沒有法律依據。聚和公司已支付葉偉2000年2月份工資1000元。葉偉要求獲得提前解除

合同的補償金及替代工資的請求。

二審情況：

上訴人訴稱：聚和公司早知道其所持大學本科文憑是假的，仍於1999年8月12日與其簽訂了聘用合同。故請求撤銷原判，要求確認雙方之間的勞動合同有效；被上訴人聚和公司支付補償金及替代通知期工資計4000元。

被上訴人辯稱：2000年2月29日查實葉偉所持文憑是假的。葉偉以欺詐手段與其訂立的勞動合同無效。不同意上訴人葉偉的上訴主張。

二審判案：

上海市第一中級人民法院認為：採取欺詐手段訂立的合同無效。無效的勞動合同，沒有法律約束力。上訴人葉偉在人才交流活動中，未能遵守國家有關法律、法規及政策規定，採取欺詐手段欺騙用人單位與其訂立勞動合同。因此，葉偉與聚和公司所訂立的勞動合同無效，從訂立時起就沒有法律效力。

【評析】

本案是一起勞動者持假文憑冒稱專業人才與用人單位簽訂勞動合同致使勞動合同無效的新類型案件。本案涉及的主要問題是勞動者是否存在欺詐行為，當事人雙方各應承擔何種責任。

1.葉偉是否採取欺詐手段與聚和公司訂立勞動合同。

採取欺詐、威脅等手段訂立的勞動合同無效。個人與用人單位之間的雙向選擇，應遵守有關法律、法規和規章，不得侵犯各方的合法權益。用人單位與個人在互相選擇時，應當據實向對方介紹各自的基本情況和要求。用人單位公開招聘人才，應如實公佈擬聘用人員的數量、崗位以及所要求的學歷、職稱和有關待遇等條件。個人應

聘時應當出示身份證、工作證、學歷證書等有效證件。應當在平等自願、協商一致的基礎上簽訂合同。

聚和公司在專業人才交流市場招聘銷售專業人員，其中對學歷的要求是大專以上。葉偉在自己所寫的簡歷上寫明其學歷是大學。聚和公司有理由相信葉偉具有大學本科學歷，因此選聘葉偉為銷售部經理。葉偉認為聚和公司在與其面談時已知道其不符合應聘條件，對這一說法葉偉沒有提供相應的證據予以證明。

2000年1月聚和公司根據葉偉的工作能力和工作實績對葉偉的學歷產生懷疑，同年2月29日查實葉偉應聘時所持文憑是假的。葉偉未能如實提供學歷等情況的行為侵犯了聚和公司選擇適當的專業人才擔任銷售經理的合法權益。葉偉與聚和公司簽訂的勞動合同無效。

2、葉偉與聚和公司對勞動合同無效各應承擔何種責任。

《勞動法》規定，無效的勞動合同，沒有法律約束力。葉偉與聚和公司的關係恢復到雙方訂立合同前的狀態。葉偉要求聚和公司按照解除有效勞動的有關規定支付替代提前通知期工資及經濟補償金沒有依據。

聚和公司認為葉偉被查明不具有大學本科學歷後，只能得到銷售員C級月薪650元標準領取2000年2月工資，因雙方未就這一問題進行協商並取得一致意見，所以葉偉仍應得到該月的勞動報酬。聚和公司應向葉偉支付2000年2月足額工資2000元。

西進大陸
不冒險

5 員工培訓》

一、員工培訓法律定位

二、員工培訓的機構與類別

熱點評説 ▶ 員工培訓協議的簽定
熱點評説 ▶ 員工培訓風險的防範
案例1 職工提出解除勞動關係,用人單位能否追索培訓費?
案例2 員工違約引發勞動爭議

員工培訓法律定位

問 題　問題培訓的定義

法條來源

企業職工培訓規定

相關法條

◉ 第三條

本規定所稱職工培訓是指企業按照工作需要對職工進行的思想政治、職業道德、管理知識、技術業務、操作技能等方面的教育和訓練活動。

◉ 第四條

企業職工培訓應以培養有理想、有道德、有文化、有紀律、掌握職業技能的職工隊伍為目標，促進企業職工隊伍整體素質的提高。

企業職工培訓應貫徹按需施教、學用結合、定向培訓的原則。

問 題　培訓與就業訓練的差別

法條來源

就業訓練規定

相關法條

◉ 第二條

就業訓練是指對下列人員組織開展的提高職業技術和就業能力的培

訓：

(一)為城鄉初次求職的勞動者提供就業前訓練；

(二)為失業職工和需要轉換職業的企業富餘職工(冗員)提供轉業訓練；

(三)為向非農產業轉移及在城鎮就業的農村勞動者提供轉業訓練；

(四)為婦女、殘疾人、少數民族人員及複員轉業(轉業軍人)等特殊群體人員提供專門的就業訓練。

問題　培訓者

法條來源

企業職工培訓規定

相關法條

◉ 第五條

各級政府勞動行政部門負責本地區企業和職工培訓工作，各級政府經濟綜合部門負責本地區企業管理人員培訓工作。

◉ 第六條

行業主管部門負責指導協調本行業職工培訓工作，依法制定本行業職工培訓規劃、組織編寫職工培訓計畫、大綱、教材和培訓師資。

◉ 第七條

社會團體、群眾組織、公共培訓機構，可根據企業需要自願承擔職工培訓任務。

問 題　企業責任

法條來源

企業職工培訓規定

相關法條

◉ 第八條

企業應建立健全職工培訓的規章制度，根據本單位的實際對職工進行在崗、轉崗、晉升、轉業培訓，對學徒及其他新錄用人員進行上崗前的培訓。

◉ 第九條

企業應將職工培訓列入本單位的中長期規劃和年度計畫，保證培訓經費和其他培訓條件。

◉ 第十條

企業應將職工培訓工作納入廠長(經理)任職目標和經濟責任制，接受職工代表大會和上級主管部門的監督與考核。

◉ 第十一條

企業應結合勞動用工、分配制度改革，建立培訓、考核與使用、待遇相結合的制度。

◉ 第十二條

企業對經批准參加脫產培訓(離開工作崗位)半年以內的職工，應發放基本工資、獎金及相關福利待遇(雙方另有約定的可除外)。

◉ 第十五條

企業應按照培訓合同的規定，保證職工的學習時間，創造必要的學習條件，發揮所學專長。

◉ 第十八條

由企業出資(有支付貨幣憑證)對職工進行文化技術業務培訓的,當該職工提出與企業解除勞動關係時,已簽訂培訓合同的按培訓合同執行;未簽訂培訓合同的按勞動合同執行。因培訓費用發生爭議的,按國家有關勞動爭議處理的規定處理。

問 題 職工的責任

法條來源

企業職工培訓規定

相關法條

◉ 第十三條

國有大中型企業高層管理人員應按照國家有關規定參加職業資格培訓,並在規定的期限內取得職業資格證書。

從事技術工種的職工必須經過技術等級培訓,參加職業技能鑒定,取得職業資格證書(技術等級證書)方能上崗。

從事特種作業的職工,必須按照國家規定經過培訓考核,並取得特種作業資格證書方能上崗。

◉ 第十四條

參加由企業承擔培訓經費脫產、半脫產培訓(離開工作崗位)的職工,應與企業簽訂培訓合同。

培訓合同應明確培訓目標、內容、形式、期限、雙方的權利和義務以及違約責任。

◉ 第十六條

職工應按照國家規定和企業安排參加培訓,自覺遵守培訓的各項規章制度,並有義務向本企業其他職工傳授所學的知識和技能。

◉ 第十七條

職工應履行培訓合同規定的各項義務，服從單位工作安排，搞好本職工作。

問題　國家關於發展培訓的政策

法條來源

中華人民共和國勞動法

相關法條

◉ 第六十六條

國家透過各種途徑，採取各種措施，發展職業培訓事業，開發勞動者的職業技能，提高勞動者素質，增強勞動者的就業能力和工作能力。

◉ 第六十七條

各級人民政府應當把發展職業培訓納入社會經濟發展的規劃，鼓勵和支援有條件的企業、事業組織、社會團體和個人進行各種形式的職業培訓。

◉ 第六十八條

用人單位應當建立職業培訓制度，按照國家規定提取和使用職業培訓經費，根據本單位實際，有計劃地對勞動者進行職業培訓。從事技術工種的勞動者，上崗前必須經過培訓。

◉ 第六十九條

國家確定職業分類，對規定的職業制定職業技能標準，實行職業資格證書制度，由經過政府批准的考核鑒定機構負責對勞動者實施職業技能考核鑒定。

員工培訓的機構與類別

問 題　培訓機構的定義

法條來源

職業培訓實體管理規定

相關法條

◉ 第二條

職業培訓實體是指開發勞動者職業技能，提高勞動者素質，增強勞動者就業能力和工作能力的各類培訓機構，主要包括社會組織和個人單獨或聯合舉辦的技工學校、職業（技術）學校、就業訓練中心、職工培訓中心（學校）等；也包括境外機構和個人、外商投資企業（機構）單獨或同境內的具有法人資格的社會組織聯合舉辦的培訓實體。

問 題　培訓機構與就業訓練中心的區別

法條來源

就業訓練中心管理規定

相關法條

◉ 第二條

本規定所稱就業訓練中心是指勞動部門為城鎮待業人員和其他求職人員提高職業技能、增強就業能力而舉辦的職業技術教學實體。它

包括勞動部門辦的職業技術學校和職業技術培訓中心。

縣、區以上就業訓練中心是從事就業訓練的事業單位。

問 題　職工培訓方式

法條來源

企業職工培訓規定

相關法條

◉ 第十九條

企業可以根據需要，單獨或聯合設立職工培訓機構並報企業主管部門備案，也可以委託社會公共培訓機構進行培訓。

問 題　培訓機構成立的條件和運行的要求

法條來源

職業培訓實體管理規定

相關法條

◉ 第五條

職業培訓實體應依法開展職業培訓活動。

◉ 第六條

縣級以上地方人民政府勞動行政部門綜合管理本行政區域內的職業培訓實體。

◉ 第七條

職業培訓實體可根據需要，採取多種形式辦學。具備條件的職業培訓實體可申請建立相關工種職業技能鑒定所（站）。

◉ 第八條

職業培訓實體應具備的基本條件：

（一）穩定的經費來源；

（二）與辦學規模相應的辦學場所，與專業（工種）設置相適應的培訓設備和實習、實驗場所；

（三）與辦學任務相適應的師資和管理人員；

（四）必要的教學文件、教材、教具、教學儀器、圖書資料和管理制度。

◉ 第十四條

職業培訓實體應按照國家頒佈的專業目錄設置的專業（工種）教學，並執行國務院勞動行政部門會同國務院有關行業主管部門頒發的教學計畫、教學大綱；國家無統一規定的專業（工種），可參照國家頒發的教學計畫、教學大綱自行制定。

◉ 第十五條

職業培訓實體應根據專業（工種）設置的實際需要，加強實驗室、實習場所的建設。

◉ 第十六條

職業培訓實體應採用先進的教學方法和教學手段，開展教學研究，進行教學改革。

職業培訓實體應結合培訓內容加強愛國主義、職業道德和法制教育。

問 題　培訓機構培訓的對象

法條來源

職業培訓實體管理規定

相關法條

◉ 第四條

職業培訓實體的培訓物件包括：

（一）初次求職人員、失業人員、在職人員、轉崗轉業人員、出國勞務人員、境外就業人員、個體勞動者以及農村向非農產業轉移的人員、農村向城鎮流動就業的勞動者；

（二）需要提供專門的職業技能培訓的婦女、殘疾人、少數民族人員、軍隊退出現役人員；

（三）其他需要學習和提高職業技能的勞動者。

問 題　對培訓者的要求

法條來源

企業職工培訓規定

相關法條

◉ 第二十條

企業應按國家有關規定配備職工培訓專職教師和管理人員。

職工培訓專職教師、管理人員的職稱評定、職務聘任、晉級、調資、獎勵、住房和生活福利等方面應與普通教育教學人員或專業技術人員同等對待。

問 題　如何解決員工培訓費用

法條來源

企業職工培訓規定

相關法條

◉ 第二十一條

企業應按照以下國家規定提取、使用職工培訓經費：

(一)職工培訓經費按照職工工資總額的**1.5%**計取，企業自有資金可有適當部分用於職工培訓；

(二)職工培訓經費應根據企業需要，安排合理比例用於職工技能培訓；

(三)企業用於引進專案、技術改造專案的技術培訓費用可以在項目中列支；

(四)工會用於職工業餘教育的經費由各級工會掌握使用；

(五)企業職工培訓經費應合理使用，當年結餘的可結轉到下一年使用。

問 題　職業技能鑑定的費用

法條來源

職業技能鑒定規定

相關法條

◉ 第十八條

單位或個人申報職業技能鑒定，均應按照規定交納鑒定費用。

(一)職業技能鑒定費用支付專案是：組織職業技能鑒定場地、命題、考務、閱卷、考評、檢測及原材料、能源、設備消耗的費用；

(二)職業技能鑒定收費標準，由省、自治區、直轄市勞動行政部門按照財政部、勞動部（**92**）財工字第68號《關於工人考核費用開支的規定》，由當地財政、物價部門做出具體規定。

問 題　培訓約束機制

法條來源

企業職工培訓規定

相關法條

◉ 第二十二條

企業可以對尊師重教的廠長、經理、教學成績顯著的職工培訓機構和崗位成才的優秀職工進行表彰獎勵。

◉ 第二十三條

經縣以上地方人民政府批准，勞動行政部門、經濟綜合部門可對不按國家規定提取和使用職工培訓經費、開展職工培訓的企業，徵收一定比例的職工培訓 經費，用於組織聯合培訓，或扶持公共培訓機構承擔繳費企業的職工培訓任務。

◉ 第二十四條

企業違反本規定有下列行為之一的，由政府勞動行政部門或經濟綜合部門對直接責任者和企業法定代表人給予批評教育，責令改正：

(一)不按國家規定組織開展職工培訓的；

(二)侵佔職工培訓校舍，損害培訓教師或管理人員正當利益，影響培訓工作正常進行的；

(三)強令未經培訓的職工上崗作業的；

(四)不按國家規定使用培訓經費或將培訓經費挪作他用的。

◉ 第二十五條

職工違反本規定有下列行為之一的，由企業給予批評教育，經教育拒不改正的，可以給予行政處分：

(一)無故不服從單位安排參加職工培訓的；

(二)嚴重違反單位規章制度，擾亂職工培訓正常進行的；

(三)破壞職工培訓校舍、儀器設備的。

◉ 第二十六條

企業和職工不履行培訓合同規定義務的，應當承擔違約責任。

◉ 第二十七條

承擔職工培訓任務的培訓機構違反本規定，有下列情形之一的，由政府勞動行政部門或經濟綜合部門給予批評教育，情節嚴重的可取消培訓資格：

(一)教學管理混亂，培訓品質不高，考核品質低劣的；

(二)侵害受培訓職工權益，情節嚴重的；

(三)違反國家規定亂辦班、亂收費、亂發證的；

(四)截留、挪用培訓經費的。

問題　企業培訓員工費用

法條來源

中華人民共和國勞動合同法（草案）－2006.03.20公佈版本

－2006.12.29公佈二審稿

相關法條

◉ 第十五條

用人單位為勞動者提供培訓費用，使勞動者接受一個月以上脫產專業技術培訓或者職業培訓的，可以與勞動者約定服務期。勞動者違反服務期約定的應當按照約定向用人單位支付違約金。約定違反服務期違約金的金額不得超過用人單位提供的培訓費用。違約時，勞動者所支付的違約金不得超過服務期尚未履行部分所應分攤的培訓費用。

問題 培訓後考核的必要性

法條來源

企業職工培訓規定

相關法條

◉ 第二十八條

企業職工參加取得國家承認的學歷證書、職業資格證書的培訓 ，應按國家有關規定執行。

問題 培訓後考核的種類

法條來源

工人考核條例

相關法條

◉ 第五條

工人考核分為錄用考核、轉正定級考核、上崗轉崗考核、本等級考核、升級考核，以及技師、高級技師(以下統稱技師)任職資格的考評。

◉ 第六條

企業、事業單位和國家機關從社會招收錄用新工人，包括錄用 技工學校、職業學校、職業高中的畢業生，以及就業訓練中心和其他各種就業訓練班結業的 學生，須經工人考核組織的錄用考核，方能擇優錄用。

第七條

學徒(培訓生)學習期滿和工人見習、試用期滿時，須經轉正定級考核

。經考核合格發給相應的《技術等級證書》或者《崗位合格證書》或者《特種作業人 員操作證》之後，方能上生產工作崗位獨立操作 並根據其思想政治表現、生產工作成績和實際技能按照國家有關規定確定工資等級。考核不合格者准予延期補考。補考仍不合格者應 當解除勞動合同或者調換其他工作。學徒、見習、試用期各方面表現優秀的可以提前進行轉正定級考核。

◉ 第八條

工人改變工種，調換新的崗位，或者操作新的先進設備時，應經過技術業務培訓和上崗轉崗考核合格後方能上崗。在精密稀有設備上工作和從事特種作業的工人，離開生產工作崗位一年以上，重新回到原崗位，應有一定的熟悉期，期滿經技術業務考核合格後方能上崗，並按考核成績，重新確定技術等級。

◉ 第九條

企業、事業單位和國家機關根據生產經營活動或者工作需要，對本單位的工人定期進行本等級的技術業務考核。考核不合格者允許補考。補考仍不合格者 ，應降低其技術等級或者調換工作崗位，重新確定技術等級和工資待遇。

◉ 第十條

工人經本等級考核合格的，可以申請參加升級考核。升級考核一般二至三年進行一次。有特殊貢獻者經班組推薦和工人考核組織批准可以提前參加升級考核或者越級考核。考核合格者給相應的《技術等級證書》，作為使用和調整工資的依據。

◉ 第十一條

優秀的高級技術工人，可以按照國家有關規定申請參加技師任職資格的考評。有突出貢獻的技師，可以按照國家有關規定參加高級技

師任職資格的考評 。考評合格，分別發給相應的《技師合格證書》，作為應聘職務的憑證。

◉ 第二十九條

工人考核工作所需經費由財政部會同勞動部另行規定。

問 題　培訓後考核的內容

法條來源

工人考核條例

相關法條

◉ 第十二條

工人考核的內容包括思想政治表現、生產工作成績和技術業務水準。

◉ 第十三條

工人思想政治表現的考核，主要包括遵守憲法、法律和國家政策以及本單位的規定制度，樹立良好的職業道德、勞動態度等方面。

◉ 第十四條

工人生產工作成績的考核，主要包括完成生產任務的數量和品質，解決生產工作中技術業務問題的成果，傳授技術、經驗的成績以及安全生產的情況等方面。

◉ 第十五條

工人技術業務水準的考核，主要是按照現行《工人技術等級標準》或者《崗位規範》進行技術業務理論和實際操作技能的考核。

工人技師在職資格的考評，應當按照國家有關規定進行。

問 題　培訓後考核方法

法條來源

工人考核條例

相關法條

◉ 第十六條

工人思想政治表現的考核，在加強班組日常管理的基礎上，定期進行。

工人生產工作成績的考核，在加強班組日常管理的基礎上，可以採用定量為主、定性為輔的方法，明確評分標準，定期進行。

◉ 第十七條

工人技術業務理論考核以筆試為主，操作技能考核可以結合生產或者作業項目分期分批進行，也可以選擇典型工件或作業項目專門組織進行。技術業務水準考核評定採用百分制，60分為合格。

◉ 第十八條

工人思想政治表現、生產工作成績和技術業水準三項考核成績均合格的，即為考核合格。

問 題　培訓後考核組織和管理

法條來源

工人考核條例

相關法條

◉ 第十九條

全國工人考核工作由勞動部綜合管理，並負責制定有關規定，指導

協調工人考核工作。

◉ 第二十條

各省、自治區、直轄市及計畫單列市勞動行政部門和國務院有關部門的勞動工資機構，制定實施辦法，分別負責綜合管理本地區、本部門的工人考核工作。

◉ 第二十一條

各省、自治區、直轄市及計畫單列市勞動行政部門會同本地區有關行業主管部門，國務院有關部門的勞動工資機構會同本部門的有關業務機構，分別成立工人考核委員會，負責組織本地區、本部門的工人考核工作。

◉ 第二十二條

企業、事業單位或者企業主管部門應當根據實際情況組成不同專業（工種）的考核組織，負責具體考核工作。各專業工種的考核組織成員中，應當有2/3以上的專業技術人員、技師、高級技術工人。

◉ 第二十三條

《技師合格證書》，地方所屬單位由省、自治區、直轄市及計畫單列市勞動行政部門核發；國務院各部門所屬單位由其主管部門的勞動工資機構核發。

《技術等級證書》的核發辦法，地方所屬單位由省、自治區、直轄市及計畫單列市勞動行政部門規定；國務院各部門所屬單位由其主管部門的勞動工資機構規定。

企業內部的《崗位合格證書》的核發辦法，由企業自行規定，但企業主管部門有統一規定的，應當按照統一規定辦理。

◉ 第二十四條

《技師合格證書》由勞動部統一印製。

《技術等級證書》由勞動部統一規定式樣。

《崗位合格證書》的式樣，企業主管部門有規定的，按規定辦；企業主管部門無規定的，由企業自行規定。

《特種作業人員操作證》的式樣、印製和核發辦法，按照國家有關規定辦理。

問題 培訓後考核的保障

法條來源

工人考核條例

相關法條

◉ 第二十五條

企業、事業單位和國家機關違反本條例第六條規定招收錄用新工人的，當地勞動部門不予辦理招收錄用手續。

◉ 第二十六條

各級工人考核組織成員，企業、事業單位和國家機關的工作人員在工人考核、評審過程中弄虛作假、徇私舞弊的，應當視情節輕重，由其所在單位或者上級主管部門根據人事管理許可權對直接責任人員給予行政處分。

◉ 第二十七條

違反《技師合格證書》、《技術等級證書》、《特種作業人員操作證》的核發辦法和規定，濫發上述證書的，除應當宣佈其所發證書無效外，還應視情節輕重，由其上級主管部門或者監察機關對有關責任人員給予行政處分；對其中通過濫發證書獲取非法收入的，應當沒收其非法所得，並可處以非法所得五倍以下的罰款；構成犯罪

的，應當依法追究其刑事責任。

問 題　培訓後職業技能資格認證

法條來源

職業資格證書規定

相關法條

◉ 第二條

職業資格是對從事某一職業所必備的學識、技術和能力的基本要求。

職業資格包括從業資格和執業資格。從業資格是指從事某一專業（工種）學識、技術和能力的起點標準。執業資格是指政府對某些責任較大，社會通用性強，關係公共利益的專業（工種）實行准入控制，是依法獨立開業或從事某一特定專業（工種）學識、技術和能力的必備標準。

◉ 第三條

職業資格分別由國務院勞動、人事行政部門通過學歷認定、資格考試、專家評定、職業技能鑑定等方式進行評價，對合格者授予國家職業資格證書。

◉ 第四條

職業資格證書是國家對申請人專業（工種）學識、技術、能力的認可，是求職、任職、獨立開業和單位錄用的主要依據。

◉ 第五條

職業資格證書制度遵循申請自願，費用自理，客觀公正的原則。凡中華人民共和國公民和獲准在我國境內就業的其他國籍的人員都可

按照國家有關政策規定和程式申請相應的職業資格。

問 題　培訓後職業資格認證的管理

法條來源

職業資格證書規定

相關法條

◉ 第六條

職業資格證書實行政府指導下的管理體制，由國務院勞動、人事行政部門綜合管理。

若干專業技術資格和職業技能鑒定（技師、高級技師考評和技術等級考核）納入職業資格證書制度。

勞動部負責以技能為主的職業資格鑒定和證書的核發與管理（證書的名稱、種類按現行規定執行）。

人事部負責專業技術人員的職業資格評價和證書的核發與管理。

各省、自治區、直轄市勞動、人事行政部門負責本地區職業資格證書制度的組織實施。

◉ 第七條

國務院勞動、人事行政部門會同有關行業主管部門研究和確定職業資格的範圍、職業（專業、工種）分類、職業資格標準以及學歷認定、資格考試、專家評定和技能鑒定的辦法。

◉ 第八條

國家職業資格證書參照國際慣例，實行國際雙邊或多邊互認。

◉ 第九條

本規定適用於國家機關、團體和所有企、事業單位。

問 題　與職業技能的區別

法條來源

職業技能簽訂規定

相關法條

◉ 第十五條

職業技能鑑定的對象：

（一）各類職業技術學校和培訓機構畢（結）業生，凡屬技術等級考核的工種，逐步實行職業技能鑑定；

（二）企業、事業單位學徒期滿的學徒工，必須進行職業技能鑑定；

（三）企業、事業單位的職工以及社會各類人員，根據需要，自願申請職業技能鑑定。

◉ 第十六條

申報職業技能鑑定的單位或個人，可向當地職業技能鑑定站（所）提出申請，由職業技能鑑定站（所）簽發准考證，按規定的時間、方式進行考核或考評。

◉ 第十七條

國家實行職業技能鑑定證書制度。

（一）對技術等級考核合格的勞動者，發給相應的【技術等級證書】；對技師資格考評合格者，發給相應的【技師合格證書】或【高級技師合格證書】；

（二）【技師等級證書】、【技師合格證書】和【高級技師合格證書】是勞動者職業技能水準的憑證，同時，按照勞動部、司法部勞培字【1992】1號【對出國工人技術等級、技術職務證書公證的規定】，是我國公民境外就業、勞務輸出法律公證的有效證件；（三）上述證書由勞動部統一印製，勞動行政部門按規定核發。

▶員工培訓協議的簽訂

　　企業為了提高員工素質或者因某項業務、工程項目需要，出資把員工送到國內某地或派往國外進行專業技術培訓，但有的員工藉機不辭而別，有的則在培訓後自以為有了資本，便跳槽另謀高就或自立門戶，使企業不但損失了培訓費用，而且嚴重影響了生產經營；也有的在培訓期間不努力學習，不遵守紀律，培訓成績很差。為此，企業必須採取一定措施，對出資進行專門培訓員工的使用權及其他有關勞動權益予以保護，最有效的方法是簽訂培訓協議。企業在簽訂培訓協議時，應把握以下幾個問題。

選派試用期滿的優秀員工

　　選派什麼樣的員工參加培訓，這是最重要的，人選錯了一切皆錯。選派試用期滿的員工，是由試用期間勞動關係變動時企業和員工的權利義務的特殊性決定的。按照<<勞動法>>的規定，員工在試用期內可以隨時解除勞動合同，且不承擔任何責任，包括不承擔企業對其出資進行專門培訓的費用返還和賠償責任。 <<勞動部辦公廳關於適用期內解除勞動合同處理依據問題的復函>>（勞辦發[1995]264號）又明確規定，用人單位出資（指有支付貨幣憑證的情形）對員工進行各類技術培訓，員工提出與單位解除勞動關係的，如果在試用期內，則用人單位不得要求員工支付該項培訓費用。既然對於

員工在試用期間企業出資培訓的費用法律規定不予保護，企業就不能對新招員工在試用期間選派出資培訓，應選派試用期滿至少工作半年以上的員工。選派優秀員工，這是由企業出資培訓員工的目的決定的。企業專門出資培訓員工，目的是要提高其技術水準或業務能力，更好地完成本職工作，如果員工素質一般，技術業務基礎較差，無培訓價值，送去培訓則白白浪費了時間和培訓費，培訓後又不能完成特定的工作任務，甚至擅自離崗，損害企業權益。所謂優秀員工，其最基本的條件是思想品德好，有敬業精神，能信守合同，有很好的工作表現。同時，具有一定的業務、技術基礎，有創新能力。只有這樣，企業派出的人才能回得來、用得上、有效益，企業付出的培訓費用才能得到應有的回報。

明確培訓期間的權利義務

企業與其出資進行專門培訓的員工簽訂培訓協議時，除了約定培訓的時間、內容外，最主要的是約定雙方的權利義務。企業的權力主要是有權終止培訓，一般可分為兩種情況：一種情況是因企業原因有權決定不再對員工繼續培訓，員工不承擔責任；另一種情況是員工在培訓期間表現不好、成績不佳或有其他問題，不宜再繼續培訓，需要終止，員工應承擔責任。如果屬於員工個人基礎差，不能適應培訓，或達不到預期培訓的目標，企業也有權終止培訓，但不要求員工承擔責任。企業的義務主要是為員工培訓提供必要的條件，包括負擔費用、支付工資和其他待遇等，保證員工完成培訓任務。員工的權力主要是明確其在培訓期間的工資報酬及其他相關的待遇。員工的義務主要是應當在規定的期限完成培訓任務，達到規定的標準，並遵守企業和培訓單位的紀律和各項規定，服從管理。

員工培訓結束後的上班時間及相關義務

在培訓協議中，必須明確員工培訓結束後回企業上班的具體日期，防止員工藉機長時間在外滯留，特別是對被選送到國外培訓的員工約定回企業上班的日期更為重要。相關義務主要是約定員工培訓結束後培訓證書及有關資料的歸屬。一般情況下，員工培訓結束後的資格證書、結業證書應歸員工個人所有，而員工培訓期間獲得的相關技術資料、資訊，培訓中參與研究或單獨的發明、著作權應歸企業所有。

約定服務期

服務期是指員工培訓結束後應當在企業工作的時間。企業出資對員工進行專門培訓，其目的就是要讓員工更好地為企業工作，因此，必須約定服務期。培訓協議中約定服務期一般可根據勞動合同期限、員工培訓期限、培訓費用的多少來確定。如果勞動合同期限較長，培訓時間短，培訓費用又不多，培訓結束後員工工作時間距勞動合同終止在三年以上的，服務期可以不超過勞動合同期限，並可直接在培訓協議中約定服務期。如果勞動合同期限不長，員工在勞動合同期滿前一年才進行培訓，且培訓時間長、培訓費用高，企業需要員工有較長的繼續工作時間，可通過簽訂勞動合同補充條款和在培訓協議中同時約定服務期來解決。勞動合同的補充條款可以約定為，企業出資對員工進行技術業務培訓，培訓結束後員工的服務期在培訓協議中約定，培訓協議中約定的服務期未滿而勞動合同期滿，勞動合同期限自動延長至服務期滿。

約定擔保人

如果企業選派員工出國進行期限在一個月以上的技術業務培訓，為防止員工培訓結束後不歸，應在簽訂培訓協議時約定擔保人。所謂

擔保人，也可稱保證人、保人，在民事債務中是指以自己名義擔保當事人一方履行義務，當被擔保的一方當事人不能履行義務或不履行義務時，另一方當事人有權向擔保人請求履行義務或賠償損失。保證人負有代償的責任。由於企業選派員工出國培訓的費用較高，員工違反協議時賠償損失有一定困難，且如果本人不回國，企業也無法追回所支付的費用，所以約定擔保人可以防止此類情形發生後導致企業權益被損害。企業與員工約定擔保人時，必須注意三點：一是擔保人必須具有擔保資格，即具有承擔民事責任的能力。二是企業必須對擔保人的資質進行審查認定，如擔保人有無銀行存款、存款額能否承受賠償培訓的費用，個人資產情況等，目的是確定擔保人具有償付債務的能力。三是讓擔保人出具擔保函，擔保函最好經過公證，以確保擔保有效。

約定違約責任

培訓協議中違約責任是保護企業權益不受侵犯的必備條款，培訓協議中如果不約定違約責任，其他內容就沒有意義，企業在員工違約後也就難以保護自己的合法權益。違約責任主要約定員工不履行培訓協議時，培訓費用的返還和對企業造成經濟損失的賠償。違約責任一般從兩方面約定：一方面是員工在培訓期間有過錯，導致培訓中斷或不能完成培訓任務，應賠償企業支付的培訓費用；另一方面是員工培訓後擅自跳槽，這種培訓費用的賠償主要是返還費用和賠償經濟損失。培訓費用的返還一般可按企業支付的費用金額，以員工服務期限遞減計算；給企業造成的經濟損失，一般是指對企業經營造成的直接經濟損失。

參加培訓的員工的使用和相關待遇

對於經過培訓的員工的使用和相關待遇，如果勞動合同有約定的，應履行勞動合同的約定；如果勞動合同未作約定，可以在培訓協議中做出約定。約定這方面的內容，可以激勵員工在培訓期間努力學習，取得最佳成績，也可以增加企業對員工的吸引力。這方面的內容不宜具體約定的，可以做出原則約定，如根據參加培訓員工的實際技術業務能力及企業的生產經營實際，調整工作崗位、職務，享受相關待遇等。

熱 · 點 · 評 · 說

▶員工培訓風險的防範

《勞動法》規定，企業應當建立培訓制度，並根據本單位情況，有計畫地對勞動者進行職業培訓。對於從事技術工種的勞動者，上崗必須經過培訓。可見，培訓員工是企業一項經常性的工作，是提高員工素質的有效途徑。而企管不管是對員工進行普遍培訓還是對技術人員、管理人員出資進行專門培訓，都是一種投入，都要付出一定的成本。既然是投入，就會既有利益又有風險。所謂風險，是指對培訓的投資不僅不能收到預期的效益，反而會對企業帶來一定的經濟損失。企業不能只低頭搞培訓，而要讓培訓起作用，因此，防範培訓風險是企業勞動權益保護的一個重要方面。

員工培訓風險的表現方式

實踐中，員工培訓風險主要表現在以下幾個方面：

（1）有投資無回報的風險

這既表現在企業組織的員工培訓可能由於內容和方法不當，不能引起員工的重視，白白花費了時間、財力，而員工的業務技術能力沒有提高，即人們常說的「走過場」；也表現在對出資專門進行培訓的員工由於選拔不準，培訓後達不到目標，不能收到預期的投資效果。這也有兩種情況：一種是選拔的培訓對象不優秀，俗話說「不是那塊料」，或者說該員工文化、知識素質與培訓的課程差距太大，員工學不懂，培訓對該員工不起作用；另一種是員工雖然優秀，但培訓結束後因某種原因員工不願把培訓學到的知識運用到工作中去，讓企業「只栽樹不結果」。

（2）員工無序流動的風險

勞動合同制度本身就增大了員工的流動性，而企業對員工進行培訓後，其知識和技能普遍提高，又增加了員工流動的資本。目前，員工跳槽也成了一種時髦，不辭而別的現象有所增多。員工無序流動作為員工培訓風險的一種表現形式，一方面是企業流不住培訓後的員工，花錢為別人做了嫁衣，等於只投資無回報；另一方面，員工的流失對企業而言，不僅只是白白花費了培訓費，而且損失了一定的技術和知識，這對企業帶來的隱性損失更大。

（3）競爭優勢移轉的風險

員工經過企業培訓後，知識豐富了，技術更強了，專業素質顯著提高了，社會關係更加廣泛，而且在本企業又掌握了一定的資訊，自我生存能力極大改善，一但離開企業，供職於其他單位或自己生產經營，都將成為企業強有力的競爭對手，這將會使企業原有的人才優勢

和市場優勢轉移到其他企業或該員工手中。而這種競爭優勢的轉移必然大大降低企業在市場的競爭力。

（4）知識、技術流失的風險

這種風險是伴隨著人員流失而派生出來的風險。員工參加培訓後，在企業一般都會成為骨幹力量，有的掌握了一定的管理知識，提高了管理能力；有的掌握了一定的專業技術，有了一技之長。他們如果與企業終止勞動關係，必然將企業正在進行中的工藝改造、技術革新、新產品開發等技術帶走。企業損失的不只是員工，而是員工所掌握的知識和技術。

（5）商業秘密洩漏的風險

企業對員工培訓的人數愈多，掌握專業技術秘密的員工就越多，保密的範圍就越寬，保密的難度也就相對增大。換句話說，企業商業秘密洩漏的可能性就大。如果企業與員工簽訂保密協議，進行競業限制，人數多支付的補償金相對就多。

員工培訓風險的防範措施

任何一項工作，風險都是客觀存在的，但風險並不是不可防範的，只要採取一定的防範措施，風險帶來的損失是可以避免和減少的。企業要抵禦因對員工時施培訓帶來的風險，有效保護勞動權益，應從以下幾個方面採取防範措施：

（1）培訓必須要有計畫性

企業對員工實施培訓，不管是普遍培訓還是專門出資對個別員工進行培訓，都必須要有周密計畫，有目的地進行。哪些員工需要培訓，何時進行培訓，培訓什麼內容，誰來負責培訓，在什麼地方，花多長時間，聘用什麼樣的教師，使用什麼樣的教材，採取什麼樣的培訓方式，達到什麼樣的目標，培訓後對該員工怎樣使用等，都要事先有

一定的安排，特別是對培訓費用應精打細算，不能隨便地投入、無計畫投入、無效投入。

（2）保持勞動關係和諧穩定

　　穩定和諧的勞動關係是企業一切工作的基礎，也是防範員工培訓風險的基本條件。勞動關係和諧穩定，企業對員工就會有一種凝聚力和吸引力，無序流動現象就會大大減少，這樣員工不僅不肯輕易離職，而且工作的積極性和創造性也高。員工經過培訓後，掌握了一技之長，更樂於為企業服務。勞動關係和諧穩定，就能為員工提供良好的工作環境，企業的高素質人才和相關的技術、知識、經驗不僅不會流失，還會發揮巨大的作用，為企業創造更多的財富；企業投入到培訓中的成本，由於員工積極工作，創造的價值和效益也會如期收回。保持和諧穩定的勞動關係，需要從先進的企業文化和合理的勞動報酬、員工福利和科學的管理關係等各方面來維繫。

（3）適度控制培訓投資

　　從一定意義上講，投資越大風險越大。在現代經濟條件下，要求員工成為知識型人才，且知識也需要不斷更新，企業重視對員工的培訓，不段加大培訓的投入，以培養高素質的員工，這無疑是正確的，但提高員工素質要從實際出發，量力而為。況且培訓是要支付費用的，投資應當控制在一個適當的比例內，經費要進行預算，不應無限制地加大培訓投資，要根據企業的財力、發展狀況，理智地做出抉擇，使培訓投入與企業的財力、發展狀況相適應。過多的超越只能造成培訓風險的增大。

（4）出資培訓應簽培訓協議

　　企業專門出資對員工進行技術、業務培訓，由於員工離開崗位時間長，所花的培訓費用多，培訓期間的管理也比較困難，因此，培

訓風險也較大，應當簽訂培訓協議，透過培訓協議這種合同方式確定企業與所培訓員工之間的權利義務，約束員工的行為，培訓協議中除了約定員工要遵守培訓紀律，完成培訓任務等培訓期間一般的權利義務外，特別應對培訓結束後員工的服務期和員工違反培訓協議應承擔的責任做出明確約定，以此有效地防範出資培訓員工隨意跳槽，損害企業勞動權益的風險。

案例1 職工提出解除勞動關係，用人單位能否追索培訓費？

【案情】

　　林某是一家三星級酒店的廚師，2003年12月林某進入該酒店時與酒店簽訂了為期三年的勞動合同。2004年初酒店經過市場調查後發現港式口味的菜餚市場前景很好，於是酒店派遣林某到香港一家廚藝學校進行為期三個月的培訓。在這三個月期間，酒店照常發放給林某基本工資，同時為林某在香港的培訓支付了培訓費六千元。林某回到酒店後推出一系列港式菜餚果然給酒店帶來了可觀的經濟效益。2005年1月，林某向酒店提出要提前解除勞動合同，酒店與林某經過多次協商，林某仍然堅持離開。在林某與該酒店簽訂的勞動合同中約定：提前解除合同的一方須承擔違約金四千元。林某願意交納四千元違約金，但對酒店提出的支付培訓費六千元的要求卻不同意。酒店向林某追索培訓費的做法是否合法呢？

【評析】

　　本案的爭議在現實生活中較具典型性，用人單位支付了大筆培訓費培訓本單位職工後，職工卻不願繼續為用人單位工作。用人單位不僅損失了培訓費用，而且往往是為競爭對手培養了人才。本案中林某所在的酒店可以向林某追索培訓費。

首先，本案中林某所接受的培訓學習不是一種基本職業技能訓練，而是一種提高訓練。該酒店不負有對林某進行廚藝水準提高培訓學習的義務。

　　其次，根據勞動部辦公廳勞辦發[1995]264號檔精神，即享有向職工追索培訓費權利的用人單位，必須是有支付貨幣憑證的出資對職工進行各類技術培訓的用人單位。酒店為林某提高廚藝出資六千元進行培訓，有支付貨幣憑證因此林某所在的酒店具備了向職工追索培訓費的必要條件。

　　第三，林某所在的酒店可以向林某追索六千元培訓費。因為勞動部頒佈的《企業職工培訓規定》第十八條規定：由企業出資（有支付憑證）對職工進行文化技術業務培訓的，當該職工提出與企業解除勞動關係時，已簽訂培訓合同的按培訓合同執行；未簽訂培訓合同的按勞動合同執行。因培訓費用發生爭議的，按國家有關勞動爭議處理的規定處理。就本案而言，林某與酒店沒有就有關培訓事宜簽訂培訓合同，只能依照勞動合同執行，林某應該在該酒店繼續服務至合同期限屆滿2005年12月。現在，林某提出提前解除勞動合同，違反了雙方勞動合同期限的約定，違約者須承擔相應的責任，即支付合同約定的違約金四千元及林某的違約給酒店造成的經濟損失--包括酒店支付的六千元培訓費和可得利益的損失。

案例2 員工違約引發勞動爭議

【案情】

（1）小李2000年進入某公司任技術部門的工程師，並簽訂了為期3年的勞動合同。由於小李工作表現很突出，2001年12月公司安排他到加拿大參加一個產品維修培訓。

當時，小李與單位簽訂了一個擔保協定，由小李的妻子為他，赴加拿大培訓提供擔保，作為小李的經濟保證人。其中約定，若小李參加培訓後繼續為公司工作未滿3年辭職，小李的妻子應負擔保責任，賠償公司為小李培訓而支付的全部費用5萬元，培訓責任可按小李進修後回公司的工作服務期遞減，即繼續工作不滿1年的賠償80%，以後每工作滿1年，遞減20%，直至服務期滿不再承擔賠償責任。

小李回國後，於2002年5月辭職離開單位，該公司就根據當初簽訂的協定要求小李賠償4萬元的違約金。小李認為公司的要求不合理，認為公司為他支付的全部培訓費用其實只有來田的差旅費和津貼，而且擔保協議也是該公司的格式合同，小李及其妻子當時也只有簽字的份，所以不願意賠償公司要求的4萬元。雙方就此訴至當地，勞動爭議仲裁委員會，結果裁決小李應按當初雙方約定賠償公司4萬元。

（2）凌某2003年10月應聘進入A公司，簽訂了5年期的勞動合同，並約定了6個月的試用期。

2003年12月，公司派凌某去日本接受為期3個月的技術培訓，並與凌某簽訂了一份《培訓協議》。協議約定凌某在培訓結束之後，必須為企業服務5年(服務期起始時間與勞動合同相同)；如在服務期內辭職，須賠償培訓費用5萬元。

2004年2月，凌某完成培訓回到公司，很快提出辭職。公司要求

凌某按《培訓協議》賠償公司的培訓費，但被拒絕。公司向勞動爭議仲裁委員會申請仲裁，要求凌某賠償培訓費。仲裁委員會裁決因凌某是在試用期內提出辭職，不必承擔賠償責任，所以對公司的申訴請求不予支持。

【評析】

　　兩個案例都涉及到了培訓費的賠償問題。

　　依據《勞動法》第一百零二條，勞動者負賠償責任的有兩種情況：一是勞動者違反《勞動法》規定的條件解除勞動合同；二是勞動者違反勞動合同中約定的保密事項，對用人單位造成經濟損失的，應當依法承擔賠償責任。《勞動法》規定這兩種情況，同時並沒有禁止勞動合同中約定其他的違約賠償責任。在勞動合同的執行過程中，有時客觀條件會發生變化。用人單位和勞動者在不違反《勞動法》和有關法律法規的前提下，可以就工作崗位、勞動報酬、技術培訓和商業秘密的保密等事項簽訂專項協議。專項協議是勞動合同的補充，具有同等法律效力。

　　在上述兩個案例中小李、凌某與公司簽訂的培訓協定屬於專項協定，是對勞動合同的補充，具有法律效力，雙方要按照協議約定的執行。案例1中，小李接受公司的培訓之後，違反服務期的約定，在服務期內解除了勞動合同。公司的培訓費支付憑證齊全，並且索賠數額也很合理，按照培訓協議的約定，小李必須要賠償公司為其支付的培訓費。

　　那麼，案例2中凌某為什麼不用賠償培訓費?因為他是在試用期內提出解除勞動合同的。勞辦發[1995]264號《勞動部辦公廳關於試用期內解除勞動合同處理依據問題的復函》(以下簡稱《復函》)中規定

，用人單位出資對職工進行各類技術培訓，職工提出與單位解除勞動關係的，如果在試用期內，則用人單位不得要求勞動者支付該項培訓費用。案例2中A公司與凌某簽訂的培訓協定服務期包含了6個月的試用期，在試用期內，凌某有權隨時解除勞動合同並且不必賠償培訓費用。 A公司在安排凌某培訓時應該先縮短他的試用期，讓他提前轉正，再派往國外參加培訓。由於A公司在這一點上考慮不充分，受到了損失。

勞動者在用人單位接受培訓，當勞動者違反約定，不是所有的培訓費都需要勞動者賠償。《勞動法》總則和第六十八條中明確規定，單位對職工進行的安全衛生培訓、技術工種的上崗前培訓以及提高職工崗位素質培訓是用人單位應盡的義務，這部分培訓不應當再收取賠償費。

勞動部[1995]223號《違反〈勞動法〉有關勞動合同規定的補償辦法》第4條規定：勞動者違反規定或勞動合同的約定解除勞動合同，對用人單位造成損失的，勞動者應賠償用人單位的下列損失：1.用人單位招收錄用其所支付的費用；2.用人單位為其支付的培訓費用；3.給生產經營、工作造成的直接經濟損失；4.勞動合同約定的其他費用。這裏的培訓費用是指單位有支付憑證的、與培訓有直接關係的費用，包括培訓期間的車旅費、住宿費、培訓課程費及其他相關費用。上海對此做了更詳細的規定。上海市人事局修訂的《上海市人才流動涉及培訓費處理暫行辦法》中確定，「單位出資培訓是指單位為提高人員文化素質及技能所採用的各種形式的培訓和訓練。培訓範圍包括：學歷培訓含大中專院校的代培生、外語培訓、勞動技能培訓、出國業務培訓、職稱晉級培訓等，不包括為調整人員和崗位結構而對人員進行的轉崗培訓。」因此只有符合上述規定範

圍的培訓，員工才應當賠償。

關於培訓費如何賠償的問題，《復函》規定：用人單位出資(指有支付貨幣憑證的情況)對職工進行各類技術培訓，職工提出與單位解除勞動關係的，如果在試用期內，則用人單位不得要求勞動者支付該項培訓費用。如果試用期滿，在合同期內，則用人單位可以要求勞動者支付該項培訓費用，具體支付辦法是：約定服務期的，按服務期等分出資金額，以職工已履行的服務期限遞減支付；沒約定服務期的，按勞動合同期等分出資金額，以職工已履行的合同期限遞減支付；沒有約定合同期的，按5年服務期等分出資金額，以職工已履行的服務期限遞減支付；雙方對遞減計算方式有約定的，從其約定。

西進大陸
不冒險

6

工作時間與薪酬福利 》》

一、工作時間的計算、週休日

二、工作時間的延長與報酬

三、法定休假日

四、帶薪休假

五、探親假

六、婚假、喪假、產假

七、最低工資規定

八、工資基本規定與結構

九、個人所得稅

十、工資指導價

十一、薪資給付的基本規定

十二、特殊人員的工資給付

熱點評說　▶不按規定給付加班工資的危害

案例1　工作未完成能否得報酬？

案例2　實行六天工作制的單位應當支付加班工資嗎？

一 工作時間的計算、週休日

一、工作時間的計算

| 問 題 | 工作時間的具體計算 |

法條來源

中華人民共和國勞動法

相關法條

◉ 第三十六條

國家實行勞動者每日工作時間不超過八小時、平均每週工作時間不超過四十四小時的工時制度。

◉ 第三十七條

對實行計件工作的勞動者，用人單位應當根據本法第三十六條規定的工時制度合理確定其勞動定額和計件報酬標準。

法條來源

國務院關於職工工作時間的規定

相關法條

◉ 第三條

職工每日工作8小時、每週工作40小時。

◉ 第四條

在特殊條件下從事勞動和有特殊情況，需要適當縮短工作時間的，

按照國家有關規定執行。

◉ 第五條

因工作性質或者生產特點的限制，不能實行每日工作8小時、每週工作40小時標準工時制度的，按照國家有關規定，可以實行其他工作和休息辦法。

◉ 第六條

任何單位和個人不得擅自延長職工工作時間。因特殊情況和緊急任務確需延長工作時間的，按照國家有關規定執行。

法條來源

勞動部關於貫徹《國務院關於職工工作時間的規定》的實施辦法

相關法條

◉ 第三條

職工每日工作8小時、每週工作40小時。實行這一工時制度，應保證完成生產和工作任務，不減少職工的收入。

◉ 第四條

在特殊條件下從事勞動和有特殊情況，需要在每週工作40小時的基礎上再適當縮短工作時間的，應在保證完成生產和工作任務的前提下，根據《中華人民共和國勞動法》第三十六條的規定，由企業根據實際情況決定。

◉ 第五條

因工作性質或生產特點的限制，不能實行每日工作8小時、每週工作40小時標準工時制度的，可以實行不定時工作制或綜合計算工時工作制等其他工作和休息辦法，並按照勞動部《關於企業實行不定時工作制和綜合計算工時工作制的審批辦法》執行。

法條來源

人事部關於貫徹《國務院關於職工工作時間的規定》的實施辦法

相關法條

◉ 第三條

職工每日工作8小時，每週工作40小時。國家機關事業單位實行統一的工作時間，星期六和星期日為周休息日。實行一制度，應保證完成工作任務。一些與人民群眾的安全、保健及其他日常生活密切的機關、事業單位元，需要在國家規定的周休息日和節假日繼續工作的，要調整好人員和班制，加強內部管理，保證星期六和星期日照常工作，方便人民群眾。

◉ 第四條

在特殊條件下從事勞動和有特殊情況，需要適當縮短工作時間的，由各省、自治區、直轄市和各主管部門按隸屬關係提出意見，報人事部批准。

◉ 第五條

因工作性質或者職責限制，不能實行每日工作8小時、每週工作40小時標準工時制度的，由國務院行業主管部門制定實施意見，報人事部批准後可實行不定時工作制或綜合計算工作時間制等辦法。

因工作需要，不能執行國家統一的工作和休息時間的部門和單位，可根據實際情況採取輪班制的辦法，靈活安排周休息日，並報同級人事部門備案。

資料來源

勞動部關於貫徹執行《中華人民共和國勞動法》若干問題的意見

相關意見

65.經批准實行綜合計算工作時間的用人單位，分別以周、月、季、年等為週期綜合計算工作時間，但其平均日工作時間和平均周工作時間應與法定標準工作時間基本相同。

66.對於那些在市場競爭中，由於外界因素的影響，生產任務不均衡的企業的部分職工，經勞動行政部門嚴格審批後，可以參照綜合計算工時工作制的辦法實施，但用人單位應採取適當方式確保職工的休息休假權利和生產、工作任務的完成。

67.經批准實行不定時工作制的職工，不受勞動法第四十一條規定的日延長工作時間標準和月延長工作時間標準的限制，但用人單位應採用彈性工作時間等適當的工作和休息方式，確保職工的休息休假權利和生產、工作任務的完成。

68.實行標準工時制度的企業，延長工作時間應嚴格按勞動法第四十一條的規定執行，不能按季、年綜合計算延長工作時間。

69.中央直屬企業、企業化管理的事業單位實行不定時工作制和綜合計算工時工作制等其他工作和休息辦法的，須經國務院行業主管部門審核，報國務院勞動行政部門批准。地方企業實行不定時工作制和綜合計算工時工作制等其他工作和休息辦法的審批辦法，由省、自治區、直轄市人民政府勞動行政部門制定，報國務院勞動行政部門備案。

二、周休日

問 題　周休日具體規定

法條來源

中華人民共和國勞動法

相關法條

◉ 第三十八條

用人單位應當保證勞動者每週至少休息一日。

◉ 第三十九條

企業因生產特點不能實行本法第三十六條、第三十八條規定的，經勞動行政部門批准，可以實行其他工作和休息辦法。

法條來源

國務院關於職工工作時間的規定

相關法條

◉ 第六條

任何單位和個人不得擅自延長職工工作時間。因特殊情況和緊急任務確需延長工作時間的，按照國家有關規定執行。

◉ 第七條

國家機關、事業單位實行統一的工作時間，自本規定施行之日起，第一周星期六和星期日為休息日，第二周星期日為休息日，依次迴圈。

法條來源

勞動部關於貫徹《國務院關於職工工作時間的規定》的實施辦法

相關法條

◉ 第九條

企業根據所在地的供電、供水和交通等實際情況,經與工會和職工協商後,可以靈活安排周休息日。

法條來源

人事部關於貫徹《國務院關於職工工作時間的規定》的實施辦法

相關法條

◉ 第三條

職工每日工作8小時,每週工作40小時。國家機關事業單位實行統一的工作時間,星期六和星期日為周休息日。實行一制度,應保證完成工作任務。一些與人民群眾的安全、保健及其他日常生活密切的機關、事業單位元,需要在國家規定的周休息日和節假日繼續工作的,要調整好人員和班制,加強內部管理,保證星期六和星期日照常工作,方便人民群眾。

◉ 第四條

在特殊條件下從事勞動和有特殊情況,需要適當縮短工作時間的,由各省、自治區、直轄市和各主管部門按隸屬關係提出意見,報人事部批准。

◉ 第五條

因工作性質或者職責限制,不能實行每日工作8小時、每週工作40小時標準工時制度的,由國務院行業主管部門制定實施意見,報人事部批准後可實行不定時工作制或綜合計算工作時間制等辦法。

因工作需要,不能執行國家統一的工作和休息時間的部門和單位,可根據實際情況採取輪班制的辦法,靈活安排周休息日,並報同級人事部門備案。

工作時間的延長與報酬

問 題	工作時間延長及報酬具體規定

法條來源

中華人民共和國勞動法

相關法條

◉ 第四十一條

用人單位由於生產經營需要，經與工會和勞動者協商後可以延長工作時間，一般每日不得超過一小時；因特殊原因需要延長工作時間的，在保障勞動者身體健康的條件下延長工作時間每日不得超過三小時，但是每月不得超過三十六小時。

◉ 第四十二條

有下列情形之一的，延長工作時間不受本法第四十一條的限制：

（一）發生自然災害、事故或者因其他原因，威脅勞動者生命健康和財產安全，需要緊急處理的；

（二）生產設備、交通運輸線路、公共設施發生故障，影響生產和公眾利益，必須及時搶修的；

（三）法律、行政法規規定的其他情形。

◉ 第四十三條

用人單位不得違反本法規定延長勞動者的工作時間。

◉ 第四十四條

有下列情形之一的，用人單位應當按照下列標準支付高於勞動者正

常工作時間工資的工資報酬：

（一）安排勞動者延長工作時間的，支付不低於工資的百分之一百五十的工資報酬；

（二）休息日安排勞動者工作又不能安排補休的，支付不低於工資的百分之二百的工資報酬；

（三）法定休假日安排勞動者工作的，支付不低於工資的百分之三百的工資報酬。

◉ 第九十條

用人單位違反本法規定，延長勞動者工作時間的，由勞動行政部門給予警告，責令改正，並可以處以罰款。

◉ 第九十一條

用人單位有下列侵害勞動者合法權益情形之一的，由勞動行政部門責令支付勞動者的工資報酬、經濟補償，並可以責令支付賠償金：

（一）克扣或者無故拖欠勞動者工資的；

（二）拒不支付勞動者延長工作時間工資報酬的；

（三）低於當地最低工資標準支付勞動者工資的；

（四）解除勞動合同後，未依照本法規定給予勞動者經濟補償的。

法條來源

關於〈中華人民共和國勞動法〉若干條文的說明

相關法條

◉ 第四十一條

用人單位由於生產經營需要，經與工會和勞動者協商後可以延長工作時間，一般每日不得超過一小時；因特殊原因需要延長工作時間的，在保障勞動者身體健康的條件下延長工作時間每日不得超

過三小時，但是每月不得超過三十六小時。

本條中的「延長工作時間」是指在企業執行的工作時間制度的基礎上的加班加點。本條中的「生產經營需要」是指來料加工、商業企業在旺季完成收購、運輸、加工農副產品緊急任務等情況。

◉ 第四十二條

有下列情形之一的，延長工作時間不受本法第四十一條規定的限制：

（一）發生自然災害、事故或者因其他原因，威脅勞動者生命健康和財產安全，需要緊急處理的；

（二）生產設備、交通運輸線路、公共設施發生故障，影響生產和公眾利益，必須及時搶修的；

（三）法律、行政法規規定的其他情形。

本條第（三）項中的「法律、行政法規」，既包括現行的，也包括以後頒佈實行的，當前主要指國務院《關於職工工作時間的規定的實施辦法》規定的四種其他情形：

（一）在法定節日和公休假日內工作不能間斷，必須連續生產、運輸或者營業的；

（二）必須利用法定節日或公休假日的停產期間進行設備檢修、保養的；

（三）為完成國防緊急任務的；

（四）為完成國家下達的其他緊急生產任務的。

◉ 第四十三條

用人單位不得違反本法規定延長勞動者的工作時間。

◉ 第四十四條

有下列情形之一的，用人單位應當按照下列標準支付高於勞動者正常工作時間工資的工資報酬：

（一）安排勞動者延長工作時間的，支付不低於工資的百分之一百五十的工資報酬；

（二）休息日安排勞動者工作又不能安排補休的，支付不低於工資的百分之二百的工資報酬；

（三）法定休假日安排勞動者工作的，支付不低於工資的百分之三百的工資報酬。

本條的「工資」，實行計時工資的用人單位，指的是用人單位規定的其本人的基本工資，其計算方法是：用月基本工資除以月法定工作天數（23.5天「舊」）即得日工資，用日工資除以日工作時間即得小時工資；實行計件工資的用人單位，指的是勞動者在加班加點的工作時間內應得的計件工資。

◉ 第九十一條

用人單位有下列侵害勞動者合法權益情形之一的，由勞動行政部門責令支付勞動者的工資報酬、經濟補償，並可以責令支付賠償金：

（一）克扣或者無故拖欠勞動者工資的；

（二）拒不支付勞動者延長工作時間工資報酬的；

（三）低於當地最低工資標準支付勞動者工資的；

（四）解除勞動合同後，未依照本法規定給予勞動者經濟補償的。

本條中的"無故"同第五十條的說明相同。"工資報酬"可以理解為延長工作時間所依法應得的勞動報酬。

法條來源

勞動部關於貫徹《國務院關於職工工作時間的規定》的實施辦法

相關法條

◉ 第六條

任何單位和個人不得擅自延長職工工作時間。企業由於生產經營需要而延長職工工作時間的，應按《中華人民共和國勞動法》第四十一條的規定執行。

◉ 第七條

有下列特殊情形和緊急任務之一的，延長工作時間不受本辦法第六條規定的限制：

（一）發生自然災害、事故或者因其他原因，使人民的安全健康和國家資財遭到嚴重威脅，需要緊急處理的；

（二）生產設備、交通運輸線路、公共設施發生故障，影響生產和公眾利益，必須及時搶修的；

（三）必須利用法定節日或公休假日的停產期間進行設備檢修、保養的；

（四）為完成國防緊急任務，或者完成上級在國家計畫外安排的其他緊急生產任務，以及商業、供銷企業在旺季完成收購、運輸、加工農副產品緊急任務的。

◉ 第八條

根據本辦法第六條、第七條延長工作時間的，企業應當按照《中華人民共和國勞動法》第四十四條的規定，給職工支付工資報酬或安排補休。

◉ 第九條

企業根據所在地的供電、供水和交通等實際情況，經與工會和職工協商後，可以靈活安排周休息日。

法條來源

人事部關於貫徹《國務院關於職工工作時間的規定》的實施辦法

相關法條

◉ 第六條

下列情況可以延長職工工作時間：

（一）由於發生嚴重自然災害、事故或其他災害使人民的安全健康和國家財產遭到嚴重威脅需要緊急處理的；

（二）為完成國家緊急任務或完成上級安排的其他緊急任務的。

◉ 第七條

根據本辦法第六條延長職工工作時間的，應給職工安排相應的補休。

資料來源

勞動部關於貫徹執行《中華人民共和國勞動法》若干問題的意見

相關意見

60.實行每天不超過8小時，每週不超過44小時或40小時標準工作時間制度的企業，以及經批准實行綜合計算工時工作制的企業，應當按照勞動法的規定支付勞動者延長工作時間的工資報酬。全體職工已實行勞動合同制度的企業，一般管理人員（實行不定時工作制人員除外）經批准延長工作時間的，可以支付延長工作時間的工資報酬。

61.實行計時工資制的勞動者的日工資，按其本人月工資標準除以平均每月法定工作天數（實行每週40小時工作制的為21.16天（舊），實行每週44小時工作制的為23.33天）進行計算。

62.實行綜合計算工時工作制的企業職工，工作日正好是周休息日

的，屬於正常工作；工作日正好是法定節假日時，要依照勞動法第四十四條第（三）項的規定支付職工的工資報酬。

70.休息日安排勞動者工作的，應先按同等時間安排其補休，不能安排補休的應按勞動法第四十四條第（二）項的規定支付勞動者延長工作時間的工資報酬。法定節假日（元旦、春節、勞動節、國慶日）安排勞動者工作的，應按勞動法第四十四條第（三）項支付勞動者延長工作時間的工資報酬。

71.協商是企業決定延長工作時間的程序（勞動法第四十二條和《勞動部貫徹〈國務院關於職工工作時間的規定〉的實施辦法》第七條規定除外），企業確因生產經營需要，必須延長工作時間時，應與工會和勞動者協商。協商後，企業可以在勞動法限定的延長工作時數內決定延長工作時間，對企業違反法律、法規強迫勞動者延長工作時間的，勞動者有權拒絕。若由此發生勞動爭議，可以提請勞動爭議處理機構予以處理。

法條來源

違反和解除勞動合同的經濟補償辦法

相關法條

◉ 第三條

用人單位克扣或者無故拖欠勞動者工資的，以及拒不支付勞動者延長工作時間工資報酬的，除在規定的時間內全額支付勞動者工資報酬外，還需加發相當於工資報酬百分之二十五的經濟補償金。

勞動和社會保障部關於職工全年月平均工作時間和工資折算問題的通知。

根據《全國年節及紀念日放假辦法》(國務院令第270號)規定，全體

公民的節日假期由原來的7天改為10天。據此職工全年月平均工作天數和工作時間分別調整為209.2天和167.4小時，職工的日工資按此進行計算。

 ## 法定休假日

問 題	法定休假日具體規定

法條來源

中華人民共和國勞動法

相關法條

◉ 第四十條

用人單位在下列節日期間應當依法安排勞動者休假：

（一）元旦；

（二）春節；

（三）國際勞動節；

（四）國慶節；

（五）法律、法規規定的其他休假節日。

法條來源

關於〈勞動法〉若干條文的說明

相關法條

◉ 第四十條

用人單位在下列節日期間應當依法安排勞動者休假：

（一）元旦；

（二）春節；

（三）國際勞動節；

（四）國慶日；

（五）法律、法規規定的其他休假節日。

根據1949年政務院發佈的《全國年節及紀念日放假辦法》之規定，元旦，放假一天，一月一日；春節，放假三天，農曆正月初一日、初二日、初三；國際勞動節，放假一日，五月一日；國慶日，放假二日，十月一日、十月二日。

本條第（五）項具體指：婦女節，放假半天；少數民族習慣的假日，由少數民族集居地區的地區人民政府，規定放假日期。其他紀念日、不放假。屬於全國人民的假日，如適逢星期日，應在次日補假；凡屬於部分人民的假日，如適逢星期日不補假。休假節日不包括職工的帶薪年休假。

◉ 第四十二條

有下列情形之一的，延長工作時間不受本法第四十一條規定的限制：

（一）發生自然災害、事故或者因其他原因，威脅勞動者生命健康和財產安全，需要緊急處理的；

（二）生產設備、交通運輸線路、公共設施發生故障，影響生產和公眾利益，必須及時搶修的；

（三）法律、行政法規規定的其他情形。

本條第（三）項中的「法律、行政法規」，既包括現行的，也包括

以後頒佈實行的，當前主要指國務院《關於職工工作時間的規定的實施辦法》規定的四種其他情形：

（一）在法定節日和公休假日內工作不能間斷，必須連續生產、運輸或者營業的；

（二）必須利用法定節日或公休假日的停產期間進行設備檢修、保養的；

（三）為完成國防緊急任務的；

（四）為完成國家下達的其他緊急生產任務的。

法條來源

全國年節及紀念日放假辦法

相關法條

◉ 第一條

為統一全國年節及紀念日的假期，制定本辦法。

◉ 第二條

全體公民放假的節日：

（一）新年，放假1天（1月1日）；

（二）春節，放假3天（農曆正月初一、初二、初三）；

（三）勞動節，放假3天（5月1日、2日、3日）；

（四）國慶日，放假3天（10月1日、2日、3日）。

◉ 第三條

部分公民放假的節日及紀念日：

（一）婦女節（3月8日），婦女放假半天；

（二）青年節（5月4日），14周歲以上的青年放假半天；

（三）兒童節（6月1日），13周歲以下的少年兒童放假1天；

（四）中國人民解放軍建軍紀念日（8月1日），現役軍人放假半天。

●─ 第四條

少數民族習慣的節日，由各少數民族聚居地區的地方人民政府，按照各該民族習慣，規定放假日期。

●─ 第五條

二七紀念日、五卅紀念日、七七抗戰紀念日、九三抗戰勝利紀念日、九一八紀念日、教師節、護士節、記者節、植樹節等其他節日、紀念日，均不放假。

●─ 第六條

全體公民放假的假日，如果適逢星期六、星期日，應當在工作日補假。部分公民放假的假日，如果適逢星期六、星期日，則不補假。

資料來源

國務院辦公廳關於做好全國節日放假期間有關工作的通知

相關內容

各省、自治區、直轄市人民政府，國務院各部委、各直屬機構：

根據目前大陸政治、經濟發展水準和人民群眾日益增長的物質文化生活需要，國務院對1949年12月23日政務院發布的《全國年節及紀念日放假辦法》作了修訂。《放假辦法》修訂後，「五‧一」國際勞動節放假從1天增加到3天；「十‧一」國慶節放假從2天增加到3天，從而使全國法定節日放假時間由7天增加到10天。國務院的這一決定，充分體現了黨和國家對人民群眾的關心和對公民休息權利的保障。為了妥善安排好節日放假期間人民群眾的生活，同時確保各項生產、工作任務的完成，維護國家政治穩定、社會安定團結，保障改革、經濟建設和其他各項事業的順利發展，特作如下通

知：

一、鐵路、交通、民航等交通運輸部門應當組織好節日放假期間的正常、安全營運；水、電、氣、熱等公用事業單位應當保證節日放假期間的正常供應；醫療衛生部門應當妥善安排節日放假期間的診療，加強衛生防疫工作；商業、金融單位和文化、娛樂場所應當保證節日放假期間的營業，保證服務水準；公園、風景名勝區等旅遊景點的管理和服務部門要做好群眾參觀、遊覽活動的接待工作；公安機關要維持好各類公共場所和相關道路交通的秩序，嚴防各類事件的發生。

二、教育、文化、新聞出版、廣播電影電視、體育等部門，城市街道辦事處和居民委員會，鄉、鎮人民政府和村民委員會，應當組織和動員社會各方面的力量加強社會主義精神文明建設，運用多種形式引導人民群眾開展健康有益的文化娛樂活動，豐富人民群眾的精神文化生活，堅決抵制封建迷信活動。

三、企業要加強安全生產管理，各工交部門要加強監督，嚴防安全生產事故的發生。勞動保障部門要加強對職工休息休假權益保障的監督檢查。因工作性質和生產特點的需要，節日放假期間需要堅持生產和工作的職工，各級領導要給予關心。

四、地方各級人民政府和勞動保障部門、民政部門以及工會組織要繼續做好節日期間工作，保障國有企業下崗職工、失業人員、城市貧困居民、農村五保戶的生活，體現黨和政府對他們的關懷。

五、國家機關和重要的事業單位要健全和加強節日放假期間值班制度，保證行政管理工作和各項事業的正常進行。嚴禁組織公費旅遊，監察、財政等部門要加強財務監督檢查。

六、公安、國家安全、民政等部門應當依法加強國家安全和社會治

安秩序的管理，加強對社會團體等民間組織活動的管理，打擊各種違法犯罪活動，維護節日放假期間的社會穩定。

七、各地區、各部門可以結合本地區、本部門的實際情況制定相應的措施，並做好群眾的教育、宣傳工作，確保節日放假期間各項工作順利進行。

 # 帶薪休假

問 題　帶薪休假法律相關規定

法條來源

中華人民共和國勞動法

相關法條

◉ 第四十五條

國家實行帶薪年休假制度。

勞動者連續工作一年以上的，享受帶薪年休假。具體辦法由國務院規定。

資料來源

中共中央、國務院關於職工休假問題的通知

相關內容

1989年7月6日，中共中央、國務院根據大陸當時的政治、經濟形勢

發出《關於黨政機關今年不安排休假的緊急通知》，這在當時情況下是非常必要的。兩年來，大陸形勢有了很大變化，政治穩定，社會安定，經濟也逐步好轉。為此，黨中央、國務院決定，從今年起，各級黨政機關、人民團體和企事業單位，可根據實際情況適當安排職工休假。

現將有關事項通知如下：

一、各地區、各部門在確保完成工作、生產任務，不另增人員編制和定員的前提下可以安排職工的年休假。

二、確定職工休假天數時，要根據工作任務和各類人員的資歷、崗位等不同情況，有所區別，最多不得超過兩周。休假時間要注意均衡安排，休假方式一般以就地休假為主，一律不准搞公費旅遊，也不得以不休假為由向職工發放或變相發放錢物。

三、各級黨政機關、人民團體和事業單位職工休假的具體實施辦法，由省、自治區、直轄市和各部門制定，並分別報中央組織部、人事部備案。

四、企業職工休假，由企業根據具體條件和實際情況，參照上述精神自行確定。

五、各地區、各部門可恢復離休幹部健康休養制度，經費開支要嚴格控制在國家統一規定的標準之內。

六、各地區、各部門原自行擬定的休假辦法和臨時措施，凡與本通知規定相抵觸的，立即停止執行，均按本通知規定辦理。

七、軍隊的幹部職工休假問題，按中央軍委的規定執行。

五 探親假

問 題	探親假法律規定

法條來源

國務院關於職工探親待遇的規定

相關法條

◉ 第一條

為了適當地解決職工同親屬長期遠居兩地的探親問題，特制定本規定。

◉ 第二條

凡在國家機關、人民團體和全民所有制企業、事業單位工作滿一年的固定職工，與配偶不住在一起，又不能在公休假日團聚的，可以享受本規定探望配偶的待遇；與父親、母親都不住在一起，又不能在公休假日團聚的，可以享受本規定探望父母的待遇。但是，職工與父親或與母親一方能夠在公休假日團聚的，不能享受本規定探望父母的待遇。

◉ 第三條

職工探親假期：

（一）職工探望配偶的，每年給予一方探親假一次，假期為三十天。

（二）未婚職工探望父母，原則上每年給假一次，假期為二十天。

如果因為工作需要，本單位當年不能給予假期，或者職工自願兩年探親一次，可以兩年給假一次，假期為四十五天。

（三）已婚職工探望父母的，每四年給假一次，假期為二十天。

探親假期是指職工與配偶、父、母團聚的時間，另外，根據實際需要給予路程假。上述假期均包括公休假日和法定節日在內。

● 第四條

凡實行休假制度的職工（例如學校的教職工），應該在休假期間探親；如果休假期較短，可由本單位適當安排，補足其探親假的天數。

● 第五條

職工在規定的探親假期和路程假期內，按照本人的標準工資發給工資。

● 第六條

職工探望配偶和未婚職工探望父母的往返路費，由所在單位負擔。已婚職工探望父母的往返路費，在本人月標準工資百分之三十以內的，由本人自理，超過部分由所在單位負擔。

● 第七條

各省、直轄市人民政府可以根據本規定制定實施細則，並抄送國家勞動總局備案。

自治區可以根據本規定的精神制定探親規定，報國務院批准執行。

● 第八條

集體所有制企業、事業單位職工的探親待遇，由各省、自治區、直轄市人民政府根據本地區的實際情況自行規定。

● 第九條

本規定自發佈之日起施行。一九五八年二月九日《國務院關於工人、職員回家探親的假期和工資待遇的暫行規定》同時廢止。

資料來源

關於制定《國務院關於職工探親待遇的規定》實施細則的若干問題的意見

相關意見

為便於各地區制定《國務院關於職工探親待遇的規定》的實施細則，現就若干問題提出如下意見：

一、《國務院關於職工探親待遇的規定》(以下簡稱《探親規定》)所稱的父母，包括自幼撫養職工長大，現在由職工供養的親屬。不包括岳父母、公婆。

二、學徒、見習生、實習生在學習、見習、實習期間不能享受《探新規定》的待遇。

三、《探親規定》所稱的「不能在公休假日團聚」是指不能利用公休假日在家居住一夜和休息半個白天。

四、符合探望配偶條件的職工，因工作需要當年不能探望配偶時，其不實行探親制度的配偶，可以到職工工作地點探親，職工所在單位應按規定報銷其往返路費。職工本人當年則不應再享受探親待遇。

五、女職工到配偶工作地點生育，在生育休假期間，超過五十六天(難產、雙生七十天)產假以後，與配偶團聚三十天以上的，不再享受當年探親待遇。

六、職工的父母或母親和職工的配偶同居一地的，職工在探望配偶時，即可同時探望其父母或者母親，因此，不能再享受探望父母的

待遇。

七、具備探望父母條件的已婚職工，每四年給假一次，在這四年中的任何一年，經過單位領導批准即可探親。

八、職工配偶是軍隊幹部的，其探親待遇仍按一九六四年七月二十七日《勞動部關於配偶是軍官的工人、職員是否享受探親假待遇問題的通知》辦理《通知》第一條中所規定的假期天數應改按一九八一年頒佈的《國務院關於職工探親待遇的規定》中第三條第一項規定的假期天數執行。。

九、職工在探親往返旅途中，遇到意外交通事故，例如坍方、洪水沖毀道路等，造成交通停頓，以致職工不能按期返回工作崗位的，在持有當地交通機關證明，向所在單位行政提出申請後，其超假日期可以算作探親路程假期。

十、各單位要合理安排職工探親的假期，務求不要妨礙生產和工作的正常進行，並且不得因此而增加人員編制。

十一、各單位對職工探親要建立嚴格的審批、登記、請假、銷假制度。對無故超假的，要按曠工處理。

十二、有關探親路費的具體開支辦法按財政部的規定辦理。

十三、一九五八年四月二十三日《勞動部對於制定國務院關於工人、職員回家探親的假期和工資待遇的暫行規定實施細則中若干問題的意見》予以廢止。

鐵道部、交通部也可以根據《探親規定》，參照上述意見制定鐵道、航運系統的實施細則，在本系統內統一執行，並抄送國家勞動總局備案。

婚假、喪假、產假

| 問 題 | 婚假、喪假法律規定 |

法條來源

國家勞動總局、財政部關於國營企業職工請婚喪假和路程假問題的通知

相關法條

原勞動部一九五九年六月一日發出的（59）中勞薪字第67號通知中曾規定，企業單位的職工請婚喪假在三個工作日以內的，工資照發。這個辦法試行以來，有些單位和職工反映，職工結婚時雙方不在一地工作，職工的直系親屬死亡時需要職工本人到外地料理喪事的，由於沒有路程假，給職工帶來了一些實際困難。經研究，現對職工請婚喪假和路程假的問題，作如下通知：

一、職工本人結婚或職工的直系親屬（父母、配偶和子女）死亡時，可以根據具體情況，由本單位行政領導批准，酌情給予一至三天的婚喪假。

二、職工結婚時雙方不在一地工作的；職工在外地的直系親屬死亡時需要職工本人去外地料理喪事的，都可以根據路程遠近，另給予路程假。

三、在批准的婚喪假和路程假期間，職工的工資照發。途中的車船費等，全部由職工自理。

四、以上規定從本通知下達之月起執行。

法條來源

中華人民共和國人口與計劃生育法

相關法條

◉ 第二十五條

公民晚婚晚育，可以獲得延長婚假、生育假的獎勵或者其他福利待遇。

法條來源

中華人民共和國婚姻法

相關法條

◉ 第六條

結婚年齡，男不得早於二十二周歲，女不得早於二十周歲。晚婚晚育應予鼓勵。

問 題　產假的法律規定

資料來源

勞動部關於女職工生育待遇若干問題的通知

相關內容

國務院關於《女職工勞動保護規定》，對女職工產假、產假期間待遇以及適用範圍等問題作出新的規定，請你們認真貫徹落實。經商得人事部同意，現就執行中的幾個具體問題，通知如下：

一、女職工懷孕不滿四個月流產時，應當根據醫務部門的意見，給予十五天至三十天的產假；懷孕滿四個月以上流產時，給予四十二

天產假。產假期間，工資照發。

二、女職工懷孕，在本單位的醫療機構或者指定的醫療機構檢查和分娩時，其檢查費、接生費、手術費、住院費和藥費由所在單位負擔，費用由原醫療經費管道開支。

三、女職工產假期滿，因身體原因仍不能工作的，經過醫務部門證明後，其超過產假期間的待遇，按照職工患病的有關規定處理。

四、本通知自一九八八年九月一日起執行。

法條來源

中華人民共和國勞動法

相關法條

◉ 第六十二條

女職工生育享受不少於九十天的產假。

法條來源

勞動保障監察條例

相關法條

◉ 第二十三條

用人單位有下列行為之一的，由勞動保障行政部門責令改正，按照受侵害的勞動者每人1000元以上5000元以下的標準計算，處以罰款：

（一）安排女職工從事礦山井下勞動、國家規定的第四級體力勞動強度的勞動或者其他禁忌從事的勞動的；

（二）安排女職工在經期從事高處、低溫、冷水作業或者國家規定的第三級體力勞動強度的勞動的；

（三）安排女職工在懷孕期間從事國家規定的第三級體力勞動強度

的勞動或者孕期禁忌從事的勞動的；

（四）安排懷孕7個月以上的女職工夜班勞動或者延長其工作時間的；

（五）女職工生育享受產假少於90天的；

（六）安排女職工在哺乳未滿1周歲的嬰兒期間從事國家規定的第三級體力勞動強度的勞動或者哺乳期禁忌從事的其他勞動，以及延長其工作時間或者安排其夜班勞動的；

（七）安排未成年工從事礦山井下、有毒有害、國家規定的第四級體力勞動強度的勞動或者其他禁忌從事的勞動的；

（八）未對未成年工定期進行健康檢查的。

法條來源

女職工勞動保護規定

相關法條

◉ 第八條

女職工產假為九十天，其中產前休假十五天。難產的，增加產假十五天。多胞胎生育的，每多生育一個嬰兒，增加產假十五天。

女職工懷孕流產的，其所在單位應當根據醫務部門的證明，給予一定時間的產假。

最低工資規定

| 問題 | 工資的涵義 |

資料來源

勞動部關於貫徹執行《中華人民共和國勞動法》若干問題的意見

相關意見

53.勞動法中的「工資」是指用人單位依據國家有關規定或勞動合同的約定，以貨幣形式直接支付給本單位勞動者的勞動報酬，一般包括計時工資、計件工資、獎金、津貼和補貼、延長工作時間的工資報酬以及特殊情況下支付的工資等。 "工資"是勞動者勞動收入的主要組成部分。勞動者的以下勞動收入不屬於工資範圍：

（1）單位支付給勞動者個人的社會保險福利費用，如喪葬撫恤救濟費、生活困難補助費、計劃生育補貼等；

（2）勞動保護方面的費用，如用人單位支付給勞動者的工作服、解毒劑、清涼飲料費用等；

（3）按規定未列入工資總額的各種勞動報酬及其他勞動收入，如根據國家規定發放的創造發明獎、國家星火獎、自然科學獎、科學技術進步獎、合理化建議和技術改進獎、中華技能大獎等，以及稿費、講課費、翻譯費等。

問題　工資總額的構成

法條來源

關於工資總額組成的規定

相關法條

◉ 第三條

工資總額是指各單位在一定時期內直接支付給本單位元全部職工的勞動報酬總額。

工資總額的計算應以直接支付給職工的全部勞動報酬為根據。

◉ 第四條

工資總額由下列六個部分組成：

（一）計時工資；

（二）計件工資；

（三）獎金；

（四）津貼和補貼；

（五）加班加點工資；

（六）特殊情況下支付的工資。

法條來源

工資支付暫行規定

相關法條

◉ 第三條

本規定所稱工資是指用人單位依據勞動合同的規定，以各種形式支付給勞動者的工資報酬。

問 題　資的總類－計時工資

法條來源

關於工資總額組成的規定

相關法條

◉– 第五條

計時工資是指按計時工資標準（包括地區生活費補貼）和工作時間
支付給個人的勞動報酬。包括：

（一）對已做工作按計時工資標準支付的工資；

（二）實行結構工資制的單位支付給職工的基礎工資和職務（崗
位）工資；

（三）新參加工作職工的見習工資（學徒的生活費）；

（四）運動員體育津貼。

問 題　工資的總類－計件工資

法條來源

關於工資總額組成的規定

相關法條

◉– 第六條

計件工資是指對已做工作按計件單價支付的勞動報酬。包括：

（一）實行超額累進計件、直接無限計件、限額計件、超定額計件
等工資制，按勞動部門或主管部門批准的定額和計件單價支付給個
人的工資；

（二）按工作任務包幹(統包)方法支付給個人的工資；

（三）按營業額提成或利潤提成辦法支付給個人的工資。

問 題　工資的總類－獎金

法條來源

關於工資總額組成的規定

相關法條

◉- 第七條

獎金是指支付給職工的超額勞動報酬和增收節支的勞動報酬。包括：

（一）生產獎；

（二）節約獎；

（三）勞動競賽獎；

（四）機關、事業單位的獎勵工資；

（五）其他獎金。

問 題　工資的總類－津貼與補貼

法條來源

關於工資總額組成的規定

相關法條

◉- 第八條

津貼和補貼是指為了補償職工特殊或額外的勞動消耗和因其他特殊

原因支付給職工的津貼，以及為了保証職工工資水準不受物價影響支付給職工的物價補貼。

（一）津貼。包括：補償職工特殊或額外勞動消耗的津貼，保健性津貼，技術性津貼，年功性津貼及其他津貼。

（二）物價補貼。包括：為保証職工工資水準不受物價上漲或變動影響而支付的各種補貼。

問 題　非工資收入

資料來源

勞動部關於貫徹執行《中華人民共和國勞動法》若干問題的意見

相關意見

53.勞動法中的「工資」是指用人單位依據國家有關規定或勞動合同的約定，以貨幣形式直接支付給本單位勞動者的勞動報酬，一般包括計時工資、計件工資、獎金、津貼和補貼、延長工作時間的工資報酬以及特殊情況下支付的工資等。「工資」是勞動者勞動收入的主要組成部分。勞動者的以下勞動收入不屬於工資範圍：

（1）單位支付給勞動者個人的社會保險福利費用，如喪葬撫恤救濟費、生活困難補助費、計劃生育補貼等；

（2）勞動保護方面的費用，如用人單位支付給勞動者的工作服、解毒劑、清涼飲料費用等；

（3）按規定未列入工資總額的各種勞動報酬及其他勞動收入，如根據國家規定發放的創造發明獎、國家星火獎、自然科學獎、科學技術進步獎、合理化建議和技術改進獎、中華技能大獎等，以及稿

費、講課費、翻譯費等。

法條來源

關於工資總額組成的規定

相關法條

◉ 第十一條

下列各項不列入工資總額的範圍：

（一）根據國務院發布的有關規定頒發的發明創造獎、自然科學獎、科學技術進步獎和支付的合理化建議和技術改進獎以及支付給運動員、教練員的獎金；

（二）有關勞動保險和職工福利方面的各項費用；

（三）有關離休、退休、退職人員待遇的各項支出；

（四）勞動保護的各項支出；

（五）稿費、講課費及其他專門工作報酬；

（六）出差伙食補助費、誤餐補助、調動工作的旅費和安家費；

（七）對自帶工具、牲畜來企業工作職工所支付的工具、牲畜等的補償費用；

（八）實行租賃經營單位的承租人的風險性補償收入；

（九）對購買本企業股票和債券的職工所支付的股息（包括股金分紅）和利息；

（十）勞動合同制職工解除勞動合同時由企業支付的醫療補助費、生活補助費等，

（十一）因錄用臨時工而在工資以外向提供勞動力單位支付的手續費或管理費；

（十二）支付給家庭工人的加工費和按加工訂貨辦法支付給承包單

位的發包費用；

（十三）支付給參加企業勞動的在校學生的補貼；

（十四）計劃生育獨生子女補貼

 # 八 工資基本規定與結構

問 題　最低工資的適用範圍

法條來源

最低工資規定

勞動和社會保障部令第21號

相關法條

◉─ 第二條

本規定適用於在中華人民共和國境內的企業、民辦非企業單位、有雇工的個體工商戶（以下統稱用人單位）和與之形成勞動關係的勞動者。國家機關、事業單位、社會團體和與之建立勞動合同關係的勞動者，依照本規定執行。

問 題　最低工資標準的確定

法條來源

最低工資規定

勞動和社會保障部令第21號

相關法條

◉ 第三條

本規定所稱最低工資標準，是指勞動者在法定工作時間或依法簽訂的勞動合同約定的工作時間內提供了正常勞動的前提下，用人單位依法應支付的最低勞動報酬。本規定所稱正常勞動，是指勞動者按依法簽訂的勞動合同約定，在法定工作時間或勞動合同約定的工作時間內從事的勞動。勞動者依法享受帶薪年休假、探親假、婚喪假、生育（產）假、節育手術假等國家規定的假期間，以及法定工作時間內依法參加社會活動期間，視為提供了正常勞動。

◉ 第四條

縣級以上地方人民政府勞動保障行政部門負責對本行政區域內用人單位執行本規定情況進行監督檢查。各級工會組織依法對本規定執行情況進行監督，發現用人單位支付勞動者工資違反本規定的，有權要求當地勞動保障行政部門處理。

◉ 第五條

最低工資標準一般採取月最低工資標準和小時最低工資標準的形式。月最低工資標準適用於全日制就業勞動者，小時最低工資標準適用於非全日制就業勞動者。

◉ 第六條

確定和調整月最低工資標準，應參考當地就業者及其贍養人口的最低生活費用、城鎮居民消費價格指數、職工個人繳納的社會保險費和住房公積金、職工平均工資、經濟發展水準、就業狀況等因素。確定和調整小時最低工資標準，應在頒佈的月最低工資標準的基礎

上，考慮單位應繳納的基本養老保險費和基本醫療保險費因素，同時還應適當考慮非全日制勞動者在工作穩定性、勞動條件和勞動強度、福利等方面與全日制就業人員之間的差異。月最低工資標準和小時最低工資標準具體測算方法(見P234頁)。

● 第七條

省、自治區、直轄市範圍內的不同行政區域可以有不同的最低工資標準。

● 第八條

最低工資標準的確定和調整方案，由省、自治區、直轄市人民政府勞動保障行政部門會同同級工會、企業聯合會/企業家協會研究擬訂，並將擬訂的方案報送勞動保障部。方案內容包括最低工資確定和調整的依據、適用範圍、擬訂標準和說明。勞動保障部在收到擬訂方案後，應徵求全國總工會、中國企業聯合會/企業家協會的意見。勞動保障部對方案可以提出修訂意見，若在方案收到後14日內未提出修訂意見的，視為同意。

● 第九條

省、自治區、直轄市勞動保障行政部門應將本地區最低工資標準方案報省、自治區、直轄市人民政府批准，並在批准後7日內在當地政府公報上和至少一種全地區性報紙上發佈。省、自治區、直轄市勞動保障行政部門應在發佈後10日內將最低工資標準報勞動保障部。

● 第十條

最低工資標準發佈實施後，如本規定第六條所規定的相關因素發生變化，應當適時調整。最低工資標準每兩年至少調整一次。

● 第十一條

用人單位應在最低工資標準發佈後10日內將該標準向本單位全體勞動者公示。

◉ 第十二條

在勞動者提供正常勞動的情況下，用人單位應支付給勞動者的工資在剔除下列各項以後，不得低於當地最低工資標準：

（一）延長工作時間工資；

（二）中班、夜班、高溫、低溫、井下、有毒有害等特殊工作環境、條件下的津貼；

（三）法律、法規和國家規定的勞動者福利待遇等。

實行計件工資或提成工資等工資形式的用人單位，在科學合理的勞動定額基礎上，其支付勞動者的工資不得低於相應的最低工資標準。

勞動者由於本人原因造成在法定工作時間內或依法簽訂的勞動合同約定的工作時間內未提供正常勞動的，不適用於本條規定。

問題　違反規定的處理

法條來源

最低工資規定

勞動和社會保障部令第21號

相關法條

◉ 第十三條

用人單位違反本規定第十一條規定的，由勞動保障行政部門責令其限期改正；違反本規定第十二條規定的，由勞動保障行政部門責令

其限期補發所欠勞動者工資，並可責令其按所欠工資的1至5倍支付勞動者賠償金。

◉ 第十四條

勞動者與用人單位之間就執行最低工資標準發生爭議，按勞動爭議處理有關規定處理。

問題　最低工資標準測算方法

法條來源

最低工資規定

勞動和社會保障部令第21號

相關法條

◉ 第十五條

本規定自2004年3月1日起實施。1993年11月24日原勞動部發佈的《企業最低工資規定》同時廢止。附件：

最低工資標準測算方法

一、確定最低工資標準應考慮的因素

確定最低工資標準一般考慮城鎮居民生活費用支出、職工個人繳納社會保險費、住房公積金、職工平均工資、失業率、經濟發展水準等因素。可用公式表示為：

$$M=f(C、S、A、U、E、a)$$

M最低工資標準；

C城鎮居民人均生活費用；

S職工個人繳納社會保險費、住房公積金；

A職工平均工資；

U失業率；

E經濟發展水準；

a 調整因素。

二、確定最低工資標準的通用方法

1・比重法即根據城鎮居民家計調查資料，確定一定比例的最低人均收入戶為貧困戶，統計出貧困戶的人均生活費用支出水準，乘以每一就業者的贍養係數，再加上一個調整數。

2・恩格爾係數法即根據國家營養學會提供的年度標準食物譜及標準食物攝取量，結合標準食物的市場價格，計算出最低食物支出標準，除以恩格爾係數，得出最低生活費用標準，再乘以每一就業者的贍養係數，再加上一個調整數。

以上方法計算出月最低工資標準後，再考慮職工個人繳納社會保險費、住房公積金、職工平均工資水準、社會救濟金和失業保險金標準、就業狀況、經濟發展水準等進行必要的修正。

舉例：某地區最低收入組人均每月生活費支出為210元，每一就業者贍養係數為1.87，最低食物費用為127元，恩格爾係數為0.604，平均工資為900元。

1・按比重法計算得出該地區月最低工資標準為：

月最低工資標準=210×1.87+a=393+a（元）（1）

2・按恩格爾係數法計算得出該地區月最低工資標準為：

月最低工資標準＝127÷0.604×1.87＋a＝393＋a（元）（2）

公式（1）與（2）中a的調整因素主要考慮當地個人繳納養老、失業、醫療保險費和住房公積金等費用。

另，按照國際上一般月最低工資標準相當於月平均工資的4060%，則該地區月最低工資標準範圍應在360元540元之間。

小時最低工資標準＝〔（月最低工資標準÷20.92÷8）×（1+單位應當繳納的基本養老保險費、基本醫療保險費比例之和）〕×（1+浮動係數）

浮動係數的確定主要考慮非全日制就業勞動者工作穩定性、勞動條件和勞動強度、福利等方面與全日制就業人員之間的差異。

各地可參照以上測算辦法，根據當地實際情況合理確定月、小時最低工資標準。

各省、自治區、直轄市月最低工資標準

省市	實行日期	最 低 工 資 標 準								單位:元/月
北京	2006.7.1	640								
天津	2006.4.1	670	650							
遼寧	2006.7.1	590	480	420						
吉林	2006.5.1	510	460	410						
上海	2006.9.1	750								
江蘇	2006.10.1	750	620	520						
浙江	2006.9.1	750	670	620	540					
安徽	2006.10.1	520	500	460	430	390	360			
福建	2006.8.1	650	600	570	550	480	400			
山東	2006.10.1	610	540	480	430	390				
河南	2005.10.1	480	400	320						
湖北	2005.3.1	460	400	360	320	280				
湖南	2006.7.1	600	500	480	450	420	400			
廣東	2006.9.1	780	690	600	500	450				
深圳	2006.9.1	810	700							
海南	2006.7.1	580	480	430						
重慶	2006.9.1	580	480	440						
貴州	2006.10.1	550	500	450						
雲南	2006.7.1	540	480	440						
青海	2006.7.1	460	450	440						
新疆	2006.5.1	670	620	580	550	520	500	480	460	440
內蒙古	2006.10.1	560	520	460	400					
黑龍江	2006.5.11	620	590	475	450	420	400	380		
廣西	2006.9.1	500	435	390	345					
西藏	2004.11.1	495	470	445						
甘肅	2006.8.25	430	400	360	320					
寧夏	2006.3.1	450	420	380						
山西	2006.10.1	550	510	470	430					
河北	2006.10.1	580	540	480	440					
陝西	2006.10.1	540	500	460	420					
江西	2006.12.17	510	480	450	420	390				
四川	2006.9.11	580	510	450	400					

製表日期:2007/01

個人所得稅

問 題	個人收入檔案管理

法條來源

個人所得稅管理辦法

相關法條

◉ 第三條

個人收入檔案管理制度是指，稅務機關按照要求對每個納稅人的個人基本資訊、收入和納稅資訊以及相關資訊建立檔案，並對其實施動態管理的一項制度。

◉ 第四條

省以下（含省級）各級稅務機關的管理部門應當按照規定逐步對每個納稅人建立收入和納稅檔案，實施「一戶式」的動態管理。

◉ 第五條

省以下（含省級）各級稅務機關的管理部門應區別不同類型納稅人，並按以下內容建立相應的基礎資訊檔案：

（一）雇員納稅人（不含股東、投資者、外籍人員）的檔案內容包括：姓名、身份證照類型、身份證照號碼、學歷、職業、職務、電子郵箱位址、有效聯繫電話、有效通信地址、郵遞區號、戶籍所在地、扣繳義務人編碼、是否重點納稅人。

（二）非雇員納稅人（不含股東、投資者）的檔案內容包括：姓名

、身份證照類型、身份證照號碼、電子郵箱位址、有效聯繫電話、有效通信地址（工作單位或家庭位址）、郵遞區號、工作單位名稱、扣繳義務人編碼、是否重點納稅人。

（三）股東、投資者（不含個人獨資、合夥企業投資者）的檔案內容包括：姓名、國籍、身份證照類型、身份證照號碼、有效通訊位址、郵遞區號、戶籍所在地、有效聯繫電話、電子郵箱位址、公司股本（投資）總額、個人股本（投資）額、扣繳義務人編碼、是否重點納稅人。

（四）個人獨資、合夥企業投資者、個體工商戶、對企事業單位的承包承租經營人的檔案內容包括：姓名、身份證照類型、身份證照號碼、個體工商戶（或個人獨資企業、合夥企業、承包承租企事業單位）名稱，經濟類型、行業、經營位址、郵遞區號、有效聯繫電話、稅務登記證號碼、電子郵箱位址、所得稅徵收方式（核定、查賬）、主管稅務機關、是否重點納稅人。

（五）外籍人員（含雇員和非雇員）的檔案內容包括：納稅人編碼、姓名（中、英文）、性別、出生地（中、英文）、出生年月、境外位址（中、英文）、國籍或地區、身份證照類型、身份證照號碼、居留許可號碼（或臺胞證號碼、回鄉證號碼）、勞動就業證號碼、職業、境內職務、境外職務、入境時間、任職期限、預計在華時間、預計離境時間、境內任職單位名稱及稅務登記證號碼、境內任職單位位址、郵遞區號、聯繫電話，其他任職單位（也應包括位址、電話、聯繫方式）名稱及稅務登記證號碼、境內受聘或簽約單位名稱及稅務登記證號碼、位址、郵遞區號、聯繫電話、境外派遣單位名稱（中、英文）、境外派遣單位位址（中、英文）、支付地（

包括境內支付還是境外支付）、是否重點納稅人。

◉ 第六條

納稅人檔案的內容來源於：

（一）納稅人稅務登記情況。

（二）《扣繳個人所得稅報告表》和《支付個人收入明細表》。

（三）代扣代收稅款憑證。

（四）個人所得稅納稅申報表。

（五）社會公共部門提供的有關資訊。

（六）稅務機關的納稅檢查情況和處罰記錄。

（七）稅務機關掌握的其他資料及納稅人提供的其他資訊資料。

問題　代扣代繳明細賬制度

法條來源

個人所得稅管理辦法

相關法條

◉ 第九條

代扣代繳明細賬制度是指，稅務機關依據個人所得稅法和有關規定，要求扣繳義務人按規定報送其支付收入的個人所有的基本資訊、支付個人收入和扣繳稅款明細資訊以及其他相關涉稅資訊，並對每個扣繳義務人建立檔案，為後續實施動態管理打下基礎的一項制度。

◉ 第十三條

稅務機關應對每個扣繳義務人建立檔案，其內容包括：扣繳義務人

編碼、扣繳義務人名稱、稅務（註冊）登記證號碼、電話號碼、電子郵件位址、行業、經濟類型、單位位址、郵遞區號、法定代表人（單位負責人）和財務主管人員姓名及聯繫電話、稅務登記機關、登記證照類型、發照日期、主管稅務機關、應納稅所得額（按所得項目歸類匯總）、免稅收入、應納稅額（按所得項目歸類匯總）、納稅人數、已納稅額、應補（退）稅額、減免稅額、滯納金、罰款、完稅憑證號等。

◉ 第十四條

扣繳義務人檔案的內容來源於：

（一）扣繳義務人扣繳稅款登記情況。

（二）《扣繳個人所得稅報告表》和《支付個人收入明細表》。

（三）代扣代收稅款憑證。

（四）社會公共部門提供的有關資訊。

（五）稅務機關的納稅檢查情況和處罰記錄。

（六）稅務機關掌握的其他資料。

問題　納稅人與扣繳義務人向稅務機關雙向申報制度

法條來源

個人所得稅管理辦法

相關法條

第四章　納稅人與扣繳義務人向稅務機關雙向申報制度

◉ 第十五條

納稅人與扣繳義務人向稅務機關雙向申報制度是指，納稅人與扣繳

義務人按照法律、行政法規規定和稅務機關依法律、行政法規所提出的要求，分別向主管稅務機關辦理納稅申報，稅務機關對納稅人和扣繳義務人提供的收入、納稅資訊進行交叉比對、核查的一項制度。

◉ 第十八條

稅務機關應對雙向申報的內容進行交叉比對和評估分析，從中發現問題並及時依法處理。

問 題　與社會各部門配合的協稅制度

法條來源

個人所得稅管理辦法

相關法條

◉ 第十九條

與社會各部門配合的協稅制度是指，稅務機關應建立與個人收入和個人所得稅徵管有關的各部門的協調與配合的制度，及時掌握稅源和與納稅有關的資訊，共同制定和實施協稅、護稅措施，形成社會協稅、護稅網路。

◉ 第二十條

稅務機關應重點加強與以下部門的協調配合：公安、檢察、法院、工商、銀行、文化體育、財政、勞動、房管、交通、審計、外匯管理等部門。

◉ 第二十一條

稅務機關通過加強與有關部門的協調配合，著重掌握納稅人的相關

收入資訊。

（一）與公安部門聯繫，瞭解中國境內無住所個人出入境情況及在中國境內的居留暫住情況，實施阻止欠稅人出境制度，掌握個人購車等情況。

（二）與工商部門聯繫，瞭解納稅人登記註冊的變化情況和股份制企業股東及股本變化等情況。

（三）與文化體育部門聯繫，掌握各種演出、比賽獲獎等資訊，落實演出承辦單位和體育單位的代扣代繳義務等情況。

（四）與房管部門聯繫，瞭解房屋買賣、出租等情況。

（五）與交通部門聯繫，瞭解計程車、貨運車以及運營等情況。

（六）與勞動部門聯繫，瞭解中國境內無住所個人的勞動就業情況。

問題　高收入者的重點管理

法條來源

個人所得稅管理辦法

相關法條

◉ 第二十九條

稅務機關應將下列人員納入重點納稅人範圍：金融、保險、證券、電力、電信、石油、石化、煙草、民航、鐵道、房地產、學校、醫院、城市供水供氣、出版社、公路管理、外商投資企業和外國企業、高新技術企業、仲介機構、體育俱樂部等高收入行業人員；民營經濟投資者、影視明星、歌星、體育明星、模特等高收入個人；臨

時來華演出人員。

◉ 第三十條

各級稅務機關應從下列人員中，選擇一定數量的個人作為重點納稅人，實施重點管理：

（一）收入較高者。

（二）知名度較高者。

（三）收入來源管道較多者。

（四）收入項目較多者。

（五）無固定單位的自由職業者。

（六）對稅收征管影響較大者。

◉ 第三十一條

各級稅務機關對重點納稅人應實行滾動動態管理辦法，每年都應根據本地實際情況，適時增補重點納稅人，不斷擴大重點納稅人管理範圍，直至實現全員全額管理。

◉ 第三十二條

稅務機關應對重點納稅人按人建立專門檔案，實行重點管理，隨時跟蹤其收入和納稅變化情況。

◉ 第三十四條

省級（含計畫單列市）稅務機關應於每年7月底以前和次年1月底以前，分別將所確定的重點納稅人的半年和全年的基本情況及收入、納稅等情況，用Excel表格的形式填寫《個人所得稅重點納稅人收入和納稅情況匯總表》報送國家稅務總局（所得稅管理司）。

◉ 第三十六條

稅務機關要加強對重點納稅人、獨立納稅人的專項檢查，嚴厲打擊

涉稅違法犯罪行為。各地每年應當通過有關媒體公開曝光2至3起個人所得稅違法犯罪案件。

問題　全員全額管理

法條來源

個人所得稅管理辦法

相關法條

◉ 第四十五條

全員全額管理是指，凡取得應稅收入的個人，無論收入額是否達到個人所得稅的納稅標準，均應就其取得的全部收入，通過代扣代繳和個人申報，全部納入稅務機關管理。

◉ 第五十四條

個人所得稅納稅評估主要從以下項目進行：

（一）工資、薪金所得，應重點分析工資總額增減率與該專案稅款增減率對比情況，人均工資增減率與人均該專案稅款增減率對比情況，稅款增減率與企業利潤增減率對比分析，同行業、同職務人員的收入和納稅情況對比分析。

（二）利息、股息、紅利所得，應重點分析當年該專案稅款與上年同期對比情況，該專案稅款增減率與企業利潤增減率對比情況，企業轉增個人股本情況，企業稅後利潤分配情況。

（三）個體工商戶的生產、經營所得（含個人獨資企業和合夥企業），應重點分析當年與上年該專案稅款對比情況，該專案稅款增減率與企業利潤增減率對比情況；稅前扣除專案是否符合現行政策

規定；是否連續多個月零申報；同地區、同行業個體工商戶生產、經營所得的稅負對比情況。

（四）對企事業單位的承包經營、承租經營所得，應重點分析當年與上年該專案稅款對比情況，該專案稅款增減率與企業利潤增減率對比情況，其行業利潤率、上繳稅款占利潤總額的比重等情況；是否連續多個月零申報；同地區、同行業對企事業單位的承包經營、承租經營所得的稅負對比情況。

（五）勞務報酬所得，應重點分析納稅人取得的所得與過去對比情況，支付勞務費的合同、協定、專案情況，單位白條列支勞務報酬情況。

（六）其他各項所得，應結合個人所得稅征管實際，選擇有針對性的評估指標進行評估分析。

問 題　執行時間

法條來源

個人所得稅管理辦法

相關法條

◉ 第五十九條

本辦法自2005年10月1日起執行

工資指導價

　　勞動力市場工資指導價位制度如下：

勞動力市場工資指導價位制度主要內容是，勞動保障行政部門按照國家統一規範和制度要求，定期對各類企業中的不同職業（工種）的工資水準進行調查、分析、匯總、加工，形成各類職業（工種）的工資價位，向社會發佈，用以指導企業合理確定職工工資水準和工資關係，調節勞動力市場價格。

　　建立勞動力市場工資指導價位制度，有利於政府勞動工資管理部門轉變職能，由直接的行政管理，轉為充分利用勞動力市場價格信號指導企業合理進行工資分配，將市場機制引入企業內部分配，為企業合理確定工資水準和各類人員工資關係，開展工資集體協商提供重要依據；有利於促進勞動力市場形成合理的價格水準，為勞動力供求雙方協商確定工資水準提供客觀的市場參考標準，減少供求雙方的盲目性，提高勞動者求職的成功率和勞動力市場運作的整體效率；有利於引導勞動力的合理、有序流動，調節地區、行業之間的就業結構，使勞動力價格機制與勞動力供求機制緊密結合，構建完整的勞動力市場體系。

勞動力市場工資指導價位調查和制訂方法

　　為了指導建立勞動力市場工資指導價位制度工作的開展，規範

勞動力市場工資指導價位調查和制訂工作，制定本方法。

（一）制定調查方案

調查方案包括調查範圍、調查內容、調查方法、調查物件及調查表等。

（1）調查範圍和內容。

調查範圍包括城市行政區域內的所有城鎮企業。調查內容為上一年度企業中有關職業（工種）在崗職工全年工資收入及有關情況。隨著工資指導價位制度建設工作的推進，有條件的地區，還可調查普通勞動力的小時工資率。工資收入按國家有關規定口徑進行統計。

（2）調查方法和物件。

一般採取抽樣調查方法。根據以下要求分別確定調查行業、調查企業、調查職業（工種）和調查職工。

調查行業：在16個大行業中，以農林牧漁業、採掘業、製造業、電力煤氣及水的生產和供應業、建築業、交通運輸倉儲及郵電通信業、批發和零售貿易餐飲業、金融保險業、房地產業、社會服務業10個行業為重點，根據本地區的產業結構進行選擇，並可根據實際需要對大行業進行細化。

調查職業（工種）：要根據當地產業結構來確定，特別注重選擇通用的或市場上流動性較強的職業（工種）。職業的名稱、代碼要按照《中華人民共和國職業分類大典》和我部編制的《勞動力市場職業分類與代碼》進行規範，保證職業分類的統一化和標準化。

調查企業按以下方法確定：在選定的行業中，將企業（應為生產經營正常的企業）按上年職工平均工資水準從高到低排列，採取

等距抽樣辦法抽取企業。為保證調查結果有代表性，應覆蓋各類型企業，其中非國有企業應占較大比例，具體比例各城市根據當地非國有經濟發展程度確定。若個別行業調查企業經濟類型有明顯偏差，可適當調整。35個大中城市調查企業戶數應不少於200戶，其他城市不少於100戶。要根據當地產業結構確定調查企業在行業間的分佈，具體可通過改變每一行業企業間的間距來調節各行業調查企業戶數。如對本地區主導行業，可通過縮小企業間的間距增加調查企業戶數。調查企業確定後，年度間應相對固定。

（二）實施調查

在確定的調查企業中，根據《企業在崗職工工資調查表》的要求進行調查，採集有關資料、資料。調查應在每年的第一季完成。

（三）匯總分析、制訂工資指導價位

將同一職業（工種）的全部調查職工工資收入從高到低進行排列，按下列方法分別確定本職業（工種）工資指導價位的高位數、中位數和低位數。

高位數：工資收入數列中前5%的資料的算術平均數。

中位數：處於工資收入數列中間位置的數值。確定中位數的計算方法：中位數位置=(n+1)/2，其中n為同一職業（工種）工資收入數列的項數。若n是奇數，則處於數列中間位置的工資收入數值就是中位數；若n是偶數，則處於中間位置相臨的兩個工資收入數值的算術平均數為中位數。

低位數：工資收入數列中後5%的資料的算術平均數。

對有關資料進行檢查、分析及作必要調整後，制訂有關職業

（工種）工資指導價位。每一職業（工種）工資指導價位應分為高位數、中位數和低位數三檔，由國家規定職業資格的職業（工種還應按技術等級進行劃分。

可根據實際需要，按行業、經濟類型等對有關資料進行分析整理後，制訂分行業、經濟類型的工資指導價位。

上海工資指導價

行業	職位	高位數	中位數	低位數
飯店	客房部經理	124659	90311	48452
	宴會會務部經理	127383	73000	29378
	大堂經理	102074	54060	31855
廣告	廣告創意總監	283800	121022	34520
	廣告設計總監	123000	67262	35700
軟體	軟體程式設計人員	131376	46300	14821
	軟體測試技術人員	109925	67000	13172
	軟體銷售工程師	69300	51200	24000
	電腦網路技術人員	122925	52000	13886
汽車	汽車銷售工程師	109816	51144	29212

（最新2006年資料，下列金額為年薪／人民幣）

深圳工資指導價

表1　2006年特區內外工資指導價位　　　　　　　　單位：元/人.月

行業	高位數	中位數	低位數	平均數		
				2005年	2004年	增減%
特區內	24013	2410	1012	2609	2352	10.93
特區外	16024	1604	711	1957	1873	4.48
合　計	21037	2218	816	2451	2275	7.74

（最新2006年資料，上列金額為月薪／人民幣）

表2　2006年分經濟類型工資指導價位　　　　　　　單位：元/人.月

行業	高位數	中位數	低位數	平均數		
				2005年	2004年	增減%
國有經濟	14026	2800	1326	2659	2436	9.15
集體經濟	19024	2152	1324	2436	2219	9.78
私有經濟	18204	1620	763	1914	1804	6.10
港澳臺經濟	26314	1600	658	1803	1716	5.07
外商經濟	32119	2200	951	2411	2293	5.15
合　計	21037	2218	816	2451	2275	7.74

（最新2006年資料，上列金額為月薪／人民幣）

表3　2006年分企業規模工資指導價位　　　　　　　單位：元/人.月

行業	高位數	中位數	低位數	平均數		
				2005年	2004年	增減%
大型企業	28215	2751	1125	3376	3201	5.47
中型企業	19246	1964	1236	2362	2135	10.63
小型企業	25472	1632	726	1859	1792	3.74
合　計	21037	2218	816	2451	2275	7.74

（最新2006年資料，上列金額為月薪／人民幣）

薪資給付的基本規定

問 題　工資給付的含義

法條來源

工資支付暫行規定

相關法條

◉ 第四條

工資支付主要包括：工資支付項目、工資支付水準、工資支付形式、工資支付物件、工資支付時間以及特殊情況下的工資支付。

問 題　工資給付的形式

法條來源

工資支付暫行規定

相關法條

◉ 第五條

工資應當以法定貨幣支付。不得以實物及有價證券替代貨幣支付。

◉ 第六條

用人單位應將工資支付給勞動者本人。勞動者本人因故不能領取工資時，可由其親屬或委託他人代領。

用人單位可委託銀行代發工資。

用人單位必須書面記錄支付勞動者工資的數額、時間、領取者的姓名以及簽字，並保存兩年以上備查。用人單位在支付工資時應向勞動者提供一份其個人的工資清單。

問 題　工資支付的時間

法條來源

工資支付暫行規定

相關法條

◉ 第七條

工資必須在用人單位與勞動者約定的日期支付。如遇節假日或休息日，則應提前在最近的工作日支付。工資至少每月支付一次，實行周、日、小時工資制的可按周、日、小時支付工資。

問 題　應支付工資的勞動時間

法條來源

工資支付暫行規定

相關法條

◉ 第十條

勞動者在法定工作時間內依法參加社會活動期間，用人單位應視同其提供了正常勞動而支付工資。社會活動包括：依法行使選舉權或被選舉權；當選代表出席鄉（鎮）、區以上政府、黨派、工會、青年團、婦女聯合會等組織召開的會議；出任人民法庭證明人；出席

勞動模範、先進工作者大會；《工會法》規定的不脫產工會基層委員會委員因工作活動佔用的生產或工作時間；其他依法參加的社會活動。

◉ 第十一條

勞動者依法享受年休假、探親假、婚假、喪假期間，用人單位應按勞動合同規定的標準支付勞動者工資。

◉ 第十二條

非因勞動者原因造成單位停工、停產在一個工資支付週期內的，用人單位應按勞動合同規定的標準支付勞動者工資。超過一個工資支付週期的，若勞動者提供了正常勞動，則支付給勞動者的勞動報酬不得低於當地的最低工資標準；若勞動者沒有提供正常勞動，應按國家有關規定辦理。

問題　應支付工資的休假

法條來源

關於〈勞動法〉若干條文的說明

相關法條

◉ 第五十一條

勞動者在法定休假日和婚喪假期間以及依法參加社會活動期間，用人單位應當依法支付工資。

法定休假日，是指法律、法規規定的勞動者休假的時間，包括法定節日（即元旦、春節、國際勞動節、國慶日及其他節假日）以及法定帶薪年休假。

婚喪假,是指勞動者本人結婚以及其直系親屬死亡時依法享受的假
期。

依法參加社會活動是指:行使選舉權;當選代表,出席政府、黨派
、工會、青年團、婦女聯合會等組織召開的會議;擔任人民法庭的
人民陪審員、證明人、辯護人;出席勞動模範、先進工作者大會;
《工會法》規定的不脫產工會基層委員會委員因工會活動佔用的生
產時間等。

問 題　勞動者在試用期、熟練期、見習期的工資支付

資料來源

勞動部關於貫徹執行《中華人民共和國勞動法》若干問題的意見

相關意見

57.勞動者與用人單位形成或建立勞動關係後,試用、熟練、見習期
間,在法定工作時間內提供了正常勞動,其所在的用人單位應當支
付其不低於最低工資標準的工資。

問 題　職工醫療期間的工資支付

資料來源

勞動部關於貫徹執行《中華人民共和國勞動法》若干問題的意見

相關意見

59.職工患病或非因工負傷治療期間,在規定的醫療期間內由企業按

有關規定支付其病假工資或疾病救濟費，病假工資或疾病救濟費可以低於當地最低工資標準支付，但不能低於最低工資標準的80%。

問題　加班工資的支付

法條來源

工資支付暫行規定

相關法條

◉ 第十三條

用人單位在勞動者完成勞動定額或規定的工作任務後，根據實際需要安排勞動者在法定標準工作時間以外工作的，應按以下標準支付工資：

（一）用人單位依法安排勞動者在日法定標準工作時間以外延長工作時間的，按照不低於勞動合同規定的勞動者本人小時工資標準的150%支付勞動者工資；

（二）用人單位依法安排勞動者在休息日工作，而又不能安排補休的，按照不低於勞動合同規定的勞動者本人日或小時工資標準的200%支付勞動者工資；

（三）用人單位依法安排勞動者在法定休假節日工作的，按照不低於勞動合同規定的勞動者本人日或小時工資標準的300%支付勞動者工資。

實行計件工資的勞動者，在完成計件定額任務後，由用人單位安排延長工作時間的，應根據上述規定的原則，分別按照不低於其本人法定工作時間計件單價的150%、200%、300%支付其工資。

經勞動行政部門批准實行綜合計算工時工作制的，其綜合計算工作時間超過法定標準工作時間的部分，應視為延長工作時間，並應按本規定支付勞動者延長工作時間的工資。

實行不定時工時制度的勞動者，不執行上述規定。

問 題　勞動者在法定節假日加班費的支付

資料來源

勞動部關於印發《對<工資支付暫行規定>有關問題的補充規定》的通知

相關內容

二、關於加班加點的工資支付問題

1.《規定》第十三條第（一）、（二）、（三）款規定的，在符合法定標準工作時間的制度工時以外，延長工作時間及安排休息日和法定休假節日工作應支付的工資，是根據加班加點的多少，以勞動合同確定的正常工作時間工資標準的一定倍數所支付的勞動報酬，即凡是安排勞動者在法定工作日延長工作時間或安排在休息日工作而又不能補休的，均應支付給勞動者不低於勞動合同規定的勞動者本人小時或日工資標準150%、200%的工資；安排在法定休假日工作的，應另外支付給勞動者不低於勞動合同規定的勞動者本人小時或日工資標準300%的工資。

（應當特別說明的是：依據現行勞動法律、法規，用人單位安排勞動者在法定節假日工作後，只能按規定支付勞動者工資報酬，而不能安排勞動者補休，只有在休息日安排勞動者工作的、才能安排補休或支付工資報酬。）

問 題　克扣工資的定義

資料來源

勞動部關於印發《對<工資支付暫行規定>有關問題的補充規定》的通知

相關內容

三、《規定》第十五條中所稱「克扣」系指用人單位無正當理由扣減勞動者應得工資（即在勞動者已提供正常勞動的前提下用人單位按勞動合同規定的標準應當支付給勞動者的全部勞動報酬）。

問 題　不屬於克扣工資的情況

資料來源

勞動部關於印發《對<工資支付暫行規定>有關問題的補充規定》的通知

相關內容

三、《規定》第十五條中所稱「克扣」，系指用人單位無正當理由扣減勞動者應得工資（即在勞動者已提供正常勞動的前提下用人單位按勞動合同規定的標準應當支付給勞動者的全部勞動報酬）。不包括以下減發工資的情況：

（1）國家的法律、法規中有明確規定的；

（2）依法簽訂的勞動合同中有明確規定的；

（3）用人單位依法制定並經職代會批准的廠規、廠紀中有明確規定的；

（4）企業工資總額與經濟效益相聯繫，經濟效益下浮時，工資必須下浮的（但支付給勞動者工資不得低於當地的最低工資標準）；

（5）因勞動者請事假等相應減發工資等。

問題 可以扣發工資的情況

法條來源

工資支付暫行規定

相關法條

◉ 第十五條

用人單位不得克扣勞動者工資。有下列情況之一的，用人單位可以代扣勞動者工資：

（一）用人單位代扣代繳的個人所得稅；

（二）用人單位代扣代繳的應由勞動者個人負擔的各項社會保險費用；

（三）法院判決、裁定中要求代扣的撫養費、贍養費；

（四）法律、法規規定可以從勞動者工資中扣除的其他費用。

問題 拖欠工資的定義

資料來源

勞動部關於印發《對<工資支付暫行規定>有關問題的補充規定》的通知

相關內容

四、《規定》第十八條所稱「無故拖欠」，系指用人單位無正當理

由超過規定付薪時間未支付勞動者工資。

問 題　不屬於無故拖欠的情況

資料來源

勞動部關於印發《對<工資支付暫行規定>有關問題的補充規定》的通知

相關內容

四、《規定》第十八條所稱「無故拖欠」系指用人單位無正當理由超過規定付薪時間未支付勞動者工資。不包括：

（1）用人單位遇到非人力所能抗拒的自然災害、戰爭等原因，無法按時支付工資；

（2）用人單位確因生產經營困難、資金周轉受到影響，在徵得本單位工會同意後，可暫時延期支付勞動者工資，延期時間的最長限制可由各省、自治區、直轄市勞動行政部門根據各地情況確定，其他情況下拖欠工資均屬無故拖欠。

問 題　補償金的扣除

法條來源

工資支付暫行規定

相關法條

◉ 第十六條

因勞動者本人原因給用人單位造成經濟損失的，用人單位可按照勞動合同的約定要求其賠償經濟損失。經濟損失的賠償，可從勞動者

本人的工資中扣除。但每月扣除的部分不得超過勞動者當月工資的20％。若扣除後的剩餘工資部分低於當地月最低工資標準，則按最低工資標準支付。

 # 特殊人員的工資給付

問 題　特殊人員的工資支付－生育、哺乳期

資料來源

勞動部關於貫徹執行《中華人民共和國勞動法》若干問題的意見

相關意見

58.企業下崗待工人員，由企業依據當地政府的有關規定支付其生活費，生活費可以低於最低工資標準，下崗待工人員中重新就業的，企業應停發其生活費。女職工因生育、哺乳請長假而下崗的，在其享受法定產假期間，依法領取生育津貼；沒有參加生育保險的企業，由企業照發原工資。

問 題　用人單位破產時

法條來源

工資支付暫行規定

相關法條

◉ 第十四條

問 題　勞動者受處分後的工資支付

資料來源

勞動部關於印發《對《工資支付暫行規定》有關問題的補充規定》

相關內容

五、關於特殊人員的工資支付問題

1.勞動者受處分後的工資支付：

（1）勞動者受行政處分後仍在原單位工作（如留用察看、降級等）或受刑事處分後重新就業的，應主要由用人單位根據具體情況自主確定其工資報酬；

（2）勞動者受刑事處分期間，如收容審查、拘留（羈押）、緩刑、監外執行或勞動教養期間，其待遇按國家有關規定執行。

2.學徒工、熟練工、大中專畢業生在學徒期、熟練期、見習期、試用期及轉正定級後的工資待遇由用人單位自主確定。

3.新就業復員軍人的工資待遇由用人單位自主確定；分配到企業軍隊轉業幹部的工資待遇，按國家有關規定執行。

熱 · 點 · 評 · 說

▶ 不按規定給付加班工資的危害

按照規定支付加班加點工資。但是，不少企業在安排員工加班加點工作後，總是以種種藉口不支付員工加班加點工資，或故意拖延支付加班加點工資，有的企業雖勉強支付但卻不能按規定的標準支付。由於企業不支付或不按規定支付員工加班加點工資，眼前看似乎占到了一點便宜，但最終結果不僅侵犯了員工的合法權益，而且也使企業的勞動權益受到了一定的損害。

企業不按規定支付員工加班加點工資，對自身勞動權益的損害，主要體現在以下三個方面。

■失信於員工

企業根據生產經營需要必須加班加點時，經徵得員工同意可以在規定的標準內加班加點，但應按規定支付員工加班加點工資。這一點企業和員工都十分清楚，因此，向員工支付的加班加點工資這筆錢不能省，也不應該省。企業如果在安排員工加班加點工作後，不按規定支付加班加點工資，就必然失去員工對企業的信任。失去員工信任的企業是沒有前途的企業，其不良後果有：一是指揮失當企業以後因生產經營需要安排員工加班加點時，會遭到員工拒絕，或以某種藉口消極對待加班。二是打擊了員工的積極性。一

些員工同意加班，除了理解企業的難處外，支持企業的工作，完成
生產經營任務外，一個重要理由是可以獲得比正常工作情況優厚的
工資報酬，由於企業在員工加班加點工作後，不按規定支付工資，
員工付出了額外勞動，卻得不到應有的報酬，以後員工加班加點工
作的積極性自然也就不存在，即使處於壓力勉強同意加班加點，工
作中也沒有責任感，消極對待，效率不高，還可能故意製造麻煩，
出廢品、次品。企業一旦失去了員工的信任，其後果不僅僅是在加
班加點問題上產生矛盾，而且會從各個方面表現出來，難以保證正
常生產經營任務的完成。這種損傷企業勞動權益的作法，是隱性的
但又是深層次的、十分嚴重的，管理者往往意識不到。

■承擔高額賠償費用

由於企業不按規定支付員工加班加點工資而引起勞動糾紛，一
旦員工申請仲裁，提起訴訟，企業肯定敗訴。敗訴的結果不但
企業要支付員工應該獲得的加班加點工資，還要承擔額外的經濟
補償金。按照『違反和解除勞動合同的經濟補償辦法』（勞部發
[1994]481號）第3條的規定，企業拒不支付勞動者延長工作時間報
酬的，除在規定的時間內全額支付勞動者工資報酬外，還需加發相
當於工資25%的經濟補償金。按照『違反（中華人民共和國勞動法
）行政處罰辦法』（勞部發[1994]532號）第6條的規定，企業拒不
支付延長工作時間工資報酬的，勞動保障行政機關按照員工的投訴
，可責令企業支付工作工資報酬、經濟補償，並可責令企業按相當
於支付員工加班加點工資報酬、經濟補償總和1～5倍支付員工賠償
金。從上述規定看，企業如果不按規定支付員工加班加點工資，當
員工發生勞動爭議，如果員工申請仲裁，企業要多支付其加班加點

工資25%的經濟補償金。如果員工向勞動保障行政機關投訴，勞動保障行政機關監察機構要責令企業支付員工加班加點工資最高5倍的賠償金。這兩種方式無論選擇哪一種，企業都要在經濟利益上承擔高額的費用。

■導致勞動關係破裂

根據『勞動法』和『最高人民法院關於審理勞動爭議案件用法律若干問題的解釋』的規定，企業拒不支付勞者延長工作時間工資報酬的，勞動者可以隨時通知企業解除勞動合同。勞動者一旦提出解除勞動合同，就意味著勞動關係的破裂。而勞動關係的破裂絕不是員工走人了事，它還會給企業帶來一連串的不利後果，這主要表現在四個方面：

（1）給員工造成不良影響

由於員工提出解除勞動合同，是因為企業不按規定支付加班加點工資的違法行為侵犯其合法權益而造成的，這對於全體員工來說，必然產生企業是否在其他方面也有違法行為，侵犯其合法權益的聯想，造成對企業懷疑、提防等不良心理影響，形成員工在企業工作權益得不到保障的印象，造成勞動關係不和諧，埋下勞動關係不穩定的因素。

（2）支付經濟補償金和賠償金

『勞動法』規定，勞動者提出解除勞動合同，企業可以不支付經濟補償金。企業不按規定支付加班加點工資，雖然解除勞動合同也是由員工提出的，但這是因為企業違法迫使勞動者所為，並非出自勞動者的本來意願。因此，企業不僅要支付員工的加班加點工資，還要支付員工解除勞動合同的經濟補償金，同時，按照有關規定

還要支付賠償金。

（3）直接影響生產經營

對於企業不按規定支付加班加點工資，迫使勞動者解除勞動合同的，法律、法規規定，不用提前通知。由於員工即時辭職解除勞動關係，沒有預告期，問題來得快，員工走的急，會造成生產工作崗位的勞動力突然空缺，如果員工是群體或是技術骨幹（關鍵人士），極有可能使工作崗位立即癱瘓，直接影響生產經營。

（4）支付重新招用員工的費用

員工解除勞動合同後，企業必須重新招用員工，補充新的勞動力，這對企業來說，又要花費一定的時間、人力和物力。如果新招用的員工一時不能勝任工作，企業還要支付一定的費用進行培訓。支付員工加班加點工資雖然只是勞動關係運行中的一項具體事物，但對於企業來說卻是經常遇到的問題。企業對這個問題處理不好，想佔便宜，其結果往往是吃虧的，從人心和金錢上都損害了自己的權益。因此，企業按規定支付員工加班加點工資，從表面上看好像是維護職工的權益，但實際上是保護了企業的勞動權益。

案例1 工作未完成能否得報酬？

【案情】

2006年，李紅與東方紅化妝品有限責任公司簽訂了一年的勞動合同，合同約定：李紅的工作是推銷化妝品，月工資400元，但必須完成價值2000元的化妝品推銷任務，超額部分公司將予以獎勵。若未完成任務，公司將不發工資。李紅上半年月月超額完成任務，

下半年由於受季節的影響，沒有完成推銷任務，公司一分錢也沒發給她。李紅向公司提出解除勞動合同，並要求補發下半年的工資。公司認為，一年的合同期未到，不但不發工資，而且要李紅承擔違約責任。公司的說法合理嗎？

【評析】

　　勞動法規定，國家實行最低工資保障制度。最低工資的具體標準由省、自治區、直轄市人民政府規定，報國務院備案。用人單位支付勞動者的工資不得低於當地最低工資標準。「最低工資」是指勞動者在法定工作時間內，提供了正常勞動的前提下，其所在企業應支付的最低勞動報酬。「正常勞動」是指勞動者按勞動合同的約定，在法定工作時間內從事的勞動。李紅雖然沒有完成工作任務，但按照勞動合同所約定在法定工作時間內從事了正常勞動，公司就應該支付李紅不低於最低工資標準的勞動報酬。李紅與公司簽訂的勞動合同中有關「未完成任務，不予發工資」的條款違反勞動法的規定，應屬無效。根據最高人民法院《關於勞動爭議案件適用法律若干問題的解釋》第十五條的規定，「用人單位有下列情形之一，迫使勞動者提出解除勞動合同的，用人單位應當支付勞動者的勞動報酬和經濟補償，並支付賠償金：……（五）低於當地最低工資標準支付勞動者工資的。」由此可見，李紅可以依法提出解除勞動合同，並要求公司支付其六個月的工資。

　　目前，大陸勞動力市場供大於求，一些勞動者求職心切，與企業簽訂類似「完不成任務，不予發工資」等法律禁止的條款，一旦發生糾紛，企業往往以事先有約定為藉口，拒絕承擔責任。在此提醒勞動者，切莫盲目求職，從而忽視了自身合法權益的保護。

案例2 實行六天工作制的單位應當支付加班工資嗎？

【案情】

　　小張工作的小飯店營業時間是從早上六點半到晚上十二點，規定員工的工作時間是：每週工作六天休息一天，早班從早上六點到下午一點；中班從中午十二點到晚上七點；晚班從晚上六點到夜裏十二點半，每班吃一頓飯，時間不超過三十分鐘。吃住都由飯店包，職工就住在飯店樓上。員工每半個月輪班一次。小張認為每週的休息天工作應當支付加班工資，但飯店說不對，只要每週不超過四十小時就不能算加班。小張遂向勞動爭議仲裁委員會申訴，要求企業支付休息天工作的加班工資。仲裁委員裁決駁回了小張的申訴請求。

【評析】

　　根據《國務院關於職工工作時間的規定》，國家機關、事業單位實行統一的工作時間，星期六和星期日為休息日。企業和不能實行前款規定的統一工作時間的事業單位，可以根據實際情況靈活安排周休息日。因此對企業單位並不是強制執行每週雙休制度。《〈國務院關於職工工作時間的規定〉問題解答》也能找到答案：……企業職工每週工作時間不超過40小時，是否一定要每週休息兩天？答：有條件的企業應盡可能實行職工每日工作8小時、每週工作40小時這一標準工時制度。有些企業因工作性質和生產特點不能實行標準工時制度的，應將貫徹《規定》和貫徹《勞動法》結合起來，保證職工每週工作時間不超過40小時，每週至少休息1天；……。因此，只要用人單位能夠保證勞動者每天工作不超過八小時、每週休息一天，每週工作不超過四十小時都應該是合法的。

NOTE

No Risk！Toward China

NOTE

No Risk！Toward China

NOTE

No Risk！Toward China

NOTE

No Risk！Toward China

NOTE

No Risk！Toward China

NOTE

No Risk！Toward China

NOTE

No Risk！Toward China

NOTE

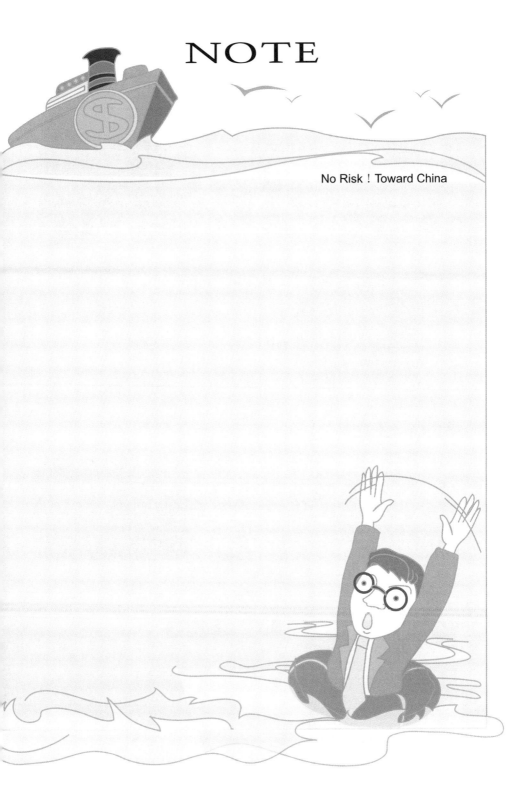

No Risk！Toward China

外勞事業部

▶ 據點多－汎亞外勞事業部在台灣擁有八家分公司，從台北到高雄服務網路綿密，一家簽約八家服務。

▶ 服務佳－全台灣泰、菲、印、越雙語翻譯人員共計達三十八位之多，可隨時依客戶需求調派，達到最佳的服務品質。

▶ 系統強－由汎亞自行研發領先業界的外勞管理系統，可隨時修改，讓客戶完整掌握狀況。

國際勞務事業部

▶ 節省營運成本－東南亞國家雇員薪資低廉，節省企業大筆人事費用。

▶ 國際技術交流－國際人才仲介可引進各階層人員，提供專業技術及工作效能。

▶ 掌握時代趨勢－國際人才交流，協助企業掌握世界產業脈動，擬訂最佳策略方針。

人力派遣事業部

▶ 減少人事作業－人事行政皆由派遣公司專責執行，提昇企業人資部門產能。

▶ 彈性人力運用－配合企業淡、旺季人力調派，使企業無需擔心人力短缺，並有效解決企業頭痛的勞資問題。

▶ 降低成本控制－以派遣員工執行非核心工作，降低人事成本及管理費用。

▶ 提昇核心競爭力－非核心工作由派遣員工執行，企業可專心培育核心人才，提昇競爭力。

高階人才事業部

▶ 客製化服務－深入瞭解企業，有效為企業網羅高階人才或職場專業菁英。

▶ 資深顧問群－強調團隊精神，迅速有效率的滿足企業及人才需求。

▶ 免費諮詢服務－針對就業市場、專業人才招募或人力仲介服務問題，提供免費諮詢服務。

家事服務事業部

◐ 換傭空檔銜接服務－提供台籍幫傭服務，彌補雇主換
　傭空檔的銜接時間。
◐ 免費外傭安全講習－不定期舉辦外傭安全講習，提升
　外傭居家安全須知，並定期寄發免費「凱文維妮」月
　刊，即時通知雇主最新法令規範。
◐ 提供外傭服務手冊－由汎亞平面媒體部「汎亞人力出
　版」，出版各國語言書籍，並以專業人士錄製會話
　CD，隨外傭的到達同時贈送雇主，透過書籍與CD的
　雙重溝通，縮短外傭與雇主間的適應磨合期。

教育訓練事業部

◐ 超強師資－提供企業人才進修與內部人員專業訓練的
　最佳管道。
◐ 學位與專業能力的雙重提升－提供連續十年榮獲全美
　前十名的帝博大學在職MBA(2005全美在職MBA排名
　第七)的優秀課程，給予專業人士在台進修繼續深造。
◐ 汎亞文化事業與高速獵人為汎亞人力資源的關係企業，
　我們將所有在汎亞進修的學員作一串聯，提供學員畢業
　後相關高薪就業管道。

網路事業部

◐ 家族性人力銀行－www.9999.com.tw，為台灣地
　區三大求職、求才入口網站之一。
◐ 在地化優勢－以差異化行銷，滿足客戶求職、求才
　需求。
◐ 結案報告書－主動告知求才廠商，於刊登期間結果
　分析及建議。

平面媒體事業部

◐ 汎亞人資出版提供人資新知－台灣專業人力資源出版社「汎
　果出版」，網羅台灣人資界資深作者、學者，提供企業主、
　經理人、主管及一般讀者，最新人力資源新知。

《專業的甄選面談術》

作者：蔡正飛
定價$220元

用對方法，問題員工就GET OUT！
在講究最佳效益、懸缺急需人才時
，教您精準掌握面試者特質，不僅
輕鬆找到合適人選、亦帶動公司發
展前景；創造出優良績效！

**《老闆最容易犯的
　人資管理錯誤決策》**

作者：董峰豪 董峰如◯著
定價$230元

您是企業管理者嗎？員工與老闆謀
對謀攻防戰，您佔上風嗎？
錯誤決策不只砸您招牌、也會讓您
付出沉重代價。

《職場名模》

作者：田玫琪
定價$220元

夢想起飛，就從職場體驗開始！
此書以簡單易懂的小故事，與讀者
分享職場道德禮儀與正向的工作心
態，教導讀者輕鬆學禮儀！

《派外人員管理實戰法則》

作者：廖勇凱
定價$280元

您是企業管理者嗎？
人資主管不可錯過的派外人員管理
的九式秘笈！
您正面臨外派抉擇嗎？
知道遠派海外的遊戲規則，吃虧絕
不是你！

《勞工保險補給站》

作者：周志盛
定價$260元
（加贈「勞工保險教育訓練課
程精選輯」）

精選職場上勞資雙方必須熟稔的
百大勞工保險議題！
百問百答、實用性高、議題詳盡
、有所依循、簡而有力！

《當草莓撞到芭樂》

作者：晉麗明·劉紓宇
定價$250元

「草莓創意」融合「芭樂精神」，
是世代傳承的成功之路，在競爭劇
烈的商業環境中，期許新鮮人能跨
越世代溝通的障礙，開創璀璨耀眼
的「新鮮世紀」！

《人才甄選與面談技巧》

作者：鄭瀛川
特價$280元
(加贈11張甄選實用表格)

對於需要在短時間內做出「應徵者
錄與否」的主管而言，本書是最能
幫助您上手的面試寶典！

《跨國人資管理實戰法則》

作者：廖勇凱、譚志澄
特價$260元
(加贈13張跨國移植檢核表格)

跨國企業的核心競爭力關鍵在人，
唯有透過「人」與「文化」的移植
，才是成功創造企業獲利的關鍵。

莊周企業管理顧問有限公司

　　莊周企管顧問公司創立於 1997 年 5 月，專精於台灣與中國大陸的人力資源管理、勞動法令、勞資關係與企業制度規劃…等各項領域。

　　創立以來，已先後輔導、授課兩岸數百餘家中大型企業，實務經驗為業界翹楚。莊周企管為人力資源專業的支援服務公司，協助企業在組織變革、企業併購、關廠歇業、人力資源成本分析、台商人力資源管理服務、勞資關係危機處理過程中能順利進行，掌握前瞻成功的契機。2001 年，因應中國大陸人力資源管理發展，建立上海據點，並在中國大陸各地與當地同業建立策略聯盟夥伴，提供人力資源管理專業顧問、線上諮詢等服務，以及各類生產、營銷、一般經營培訓…等課程服務。同時，為兩岸台商提供有關派外管理制度的顧問規劃、派駐人員行前訓練…等，以協助客戶邁向人力資源國際化需求的發展服務。

四大服務項目：

勞資關係危機處理
* 勞動法令與爭議事件諮詢
* 人力精簡、重整、關廠、併購
* 部門主管的人資管理

人力資源管理
* 人力資源制度設計規劃
* 人才培訓發展、e-Learning
* 績效管理、薪酬設計、滿意度調查

職場關係及團隊建構
* 職場壓力紓解與管理
* EAP及員工心理輔導轉介
* 團隊建構、共識營活動

跨文化人才整合諮詢
* 兩岸人力資源管理制度整合
* 兩岸跨文化溝通管理與適應
* 兩岸三地勞動法令整合服務
* 人才交流與專業招聘代工

三大服務結構：

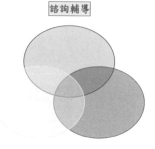

諮詢輔導

培訓服務

兩岸整合

莊周企業管理顧問有限公司
110 臺北市基隆路一段 149 號 12 樓之 2
TEL：886-2-2753-3188
FAX：886-2-2753-2680
E-Mail：service@erc.com.tw
Website：http://www.erc.com.tw

上海宏利企業管理諮詢有限公司
200235 上海市徐匯區漕宝路 70 號光大會展中心 C 座 2005 室
TEL：86-021-64326255
FAX：86-021-64326265
E-Mail：service@zhuangzhou.com.cn
Website：http://www.zhuangzhou.com.cn

莊周企業管理顧問有限公司
【服務項目】

壹、兩岸人力資源管理諮詢輔導專案及常年顧問

為協助台商企業前進中國大陸所產生的各種人力資源管理需求，莊周企管以最專業之顧問團隊，提供人力資源部門最佳解決方案。

並以「兩岸常年顧問諮詢服務」來提供企業日常管理中的強力支援後盾！是企業應變各項勞動法令與勞資爭議衝擊的專業顧問！

包括：

一、當地勞動法令與管理技術之諮詢服務

二、台商派外管理制度與當地化聘僱輔導

三、企業兩岸人資管理制度之診斷、諮詢、整合（長、短期專案顧問）

四、企業購併、結合人力資源管理整合輔導

五、其他人力資源管理專案與調查活動……

～　歡迎來電查詢相關細節或討論其他需求：(02)2753-3188　～

貳、企業培訓課程服務

一、台商企業培訓體系與制度規劃輔導

◎ 協助建立完整的企業培訓體系（制度）

◎ 協助規劃企業年度培訓計劃

◎ 講師培訓與資源整合、訓練教材研發與製作

二、承辦企業內訓課程

◎ 勞動法令類、勞資關係類、人力資源管理類、一般經營管理類

◎ 主管培訓(MTP、IWI)

◎ 派外人員行前訓練（跨文化管理培訓）

◎ 體驗學習課程：

結合團隊組織，並根據實際情況選擇室內外培訓教育，包括管理遊戲、戶外拓展訓練、角色扮演、案例分析、腦力激盪…等等。

◎ 其他（依客戶提出培訓需求進行規劃）

★所有課程規劃皆可依企業實際需求調整內容。

汎亞人力資源管理顧問有限公司

汎亞人力資源管理顧問有限公司

國家圖書館出版品預行編目資料

西進大陸不冒險/大陸人資管理手冊-上集 ：
周昌湘 著. --
初版. -- 臺北市 ： 汎亞人力，2007〔民96〕
面 ； 公分. -- (人力資源管理實務：03)
參考書目：面
ISBN-13：978-986-82576-8-9 (全套：平裝)
ISBN-10：986-82576-8-9

494.3   95026273
1.人事管理   2.人力資源-管理

西進大陸不冒險！
周昌湘 著
（大陸人資管理手冊-上集）

發行 / 蔡宗志

地址 / 台北市106大安區和平東路二段295號10樓

出版 / 汎亞人力資源管理顧問有限公司

編輯群 / 楊平遠、許雅綉、郭守軒、張妏甄、許惠玲、吳玥彤

校對 / 周昌湘、林嘉惠、許雅綉

總經銷：大眾雨晨圖書有限公司
地址：235台北縣中和市中正路872號10樓
電話：(02) 3234-7887
傳真：(02) 3234-3931

2007年02月初版

初版一刷

書籍(附光碟) 兩冊合售NT$ 499 元